电力无人机自动驾驶技术及应用

李雄刚　主　编

刘　高　周强辅　陈　浩　王　丛　　副主编
陈　赟　郭晓斌　赵继光

中国电力出版社
CHINA ELECTRIC POWER PRESS

内 容 提 要

随着无人机在电力行业的应用越来越广泛，运维模式也逐渐由"人工巡视为主，无人机巡视为辅"向"无人机巡视为主，人工巡视补充"转变，电力无人机自动巡检技术以其门槛低、简单便捷、高效的特点已逐步成为电力巡视的主要手段。

本书共分为 7 章，分别为电力无人机自动巡检、自动巡检基础装备及数据解算、输电线路无人机自动巡检技术、配电线路无人机自动巡检技术、变电站无人机自动巡检技术、自动巡检支撑系统和展望。

本书可供从事无人机电力设备智能巡检专业的人员使用，也可供相关专业高校师生参考。

图书在版编目（CIP）数据

电力无人机自动驾驶技术及应用 / 李雄刚主编. —北京：中国电力出版社，2022.1（2023.2 重印）
ISBN 978-7-5198-6399-9

Ⅰ．①电⋯　Ⅱ．①李⋯　Ⅲ．①机器人技术–应用–电力系统–检测　Ⅳ．①TM7-39

中国版本图书馆 CIP 数据核字（2022）第 002122 号

出版发行：中国电力出版社
地　　址：北京市东城区北京站西街 19 号（邮政编码 100005）
网　　址：http://www.cepp.sgcc.com.cn
责任编辑：罗　艳（010-63412315）
责任校对：黄　蓓　李　楠
装帧设计：张俊霞
责任印制：石　雷

印　　刷：三河市百盛印装有限公司
版　　次：2022 年 1 月第一版
印　　次：2023 年 2 月北京第二次印刷
开　　本：710 毫米×1000 毫米　16 开本
印　　张：9.25
字　　数：154 千字
印　　数：3001—4000 册
定　　价：49.00 元

编写人员名单

主　　编　李雄刚

副 主 编　刘　高　　周强辅　　陈　浩　　王　丛

　　　　　陈　赟　　郭晓斌　　赵继光

参编人员　饶成成　　殷　明　　林俊省　　丰江波

　　　　　李国强　　彭炽刚　　乔海涛　　柳亦刚

　　　　　吴育武　　周华敏　　张　峰　　张　英

　　　　　陈义龙　　蒙华伟　　缪钟灵　　郭锦超

　　　　　姚隽雯　　王年孝　　杨　帆　　文衍广

　　　　　许国伟　　樊道庆　　范兴凯　　杨梓瀚

　　　　　郭少锋　　吴新桥　　李　彬　　刘　岚

　　　　　廖建东　　廖如超　　郭启迪　　罗李毅

　　　　　刘云根　　罗劲斌　　徐健儿　　叶志荣

　　　　　李遴钰　　何卓阳　　戴伟坤　　宁雪峰

　　　　　刘平原　　翟瑞聪　　易　琳　　杨英仪

　　　　　钟力强　　林子翔　　张维维　　高　翔

　　　　　裴健华

前　言

　　传统的以人工为主的运维模式已经不能完全适应大规模现代化电网的安全运维需求，特别是输配电线路点多面广，分布在漫山遍野。传统巡线方式采用人工跋山涉水、登塔走线巡视，巡视频率为一月一次。据统计省级电网公司平均每年线路巡视总量超百万公里。随着社会经济高速发展，电网输、配、变资产不断增大，传统依靠人工为主的巡视方式，已经不能适应现代化电网高质量发展的要求。

　　为解决矛盾，近几年来广东电网机巡管理中心（简称中心）科研团队在"大电网广域自动巡检技术""基于 RTK 实时位置精准定位技术""缺陷图片自动识别技术"等方面持续开展研发攻关，通过六年时间、三个阶段实现了无人机自动驾驶智能运维从科研攻关到全面落地运用：

　　第一阶段是 2015～2017 年，中心开始引进借鉴测绘行业使用的固定翼无人机巡线，在掌握电力线路特有的巡线技术的同时，重点解决了电力导线与导线周围树木三维空间建模和安全距离分析等关键技术问题。2015～2017 年累计大规模飞行 25 万 km，发现线路树障缺陷超 10 万处，为日后电力线路小型多旋翼无人机自动驾驶积累了丰富的技术经验。

　　第二阶段是 2017～2020 年，中心陆续解决了线路杆塔高精度厘米定位、雷达点云扫描密度还原、自动驾驶航线规划角度校准等电力线路独有的技术难题，研发出国内领先的 7kg 以下小型多旋翼无人机自动巡检技术配套软、硬件设备，构建了电网无人机自动巡检信息系统及技术体系，实现了航线规划、自动充电、自动巡视、缺陷自动分析，通过 2018～2020 年三年落地运用已实现广东省内输电线路小型多旋翼无人机机巡全覆盖，自动驾驶里程超过30 万 km。

　　第三阶段是 2020 年起，中心将小型多旋翼无人机线路巡检技术路线在山区配电线路、变电站试点获得成功，2021 年开始大规模在配电线路、变电站深化运用，到 2021 年底已实现广东省内配电线路、变电站自动巡检全覆盖，自动驾驶里程超过 11 万 km。

通过以上三个阶段努力探索并深度运用，中心已将无人机自动驾驶智能技术运维覆盖所有电力系统一次设备，极大地促进运维工作提质增效，降低了员工的劳动强度，提升了电网的安全稳定运行水平。

本书就是根据六年时间的探索和实践，将无人机自动驾驶在输、配、变运维技术运用流程、技术要点以及机巡信息平台建设进行了全面介绍和阐释。

本书可作为无人机电力设备智能巡检专业领域重要学习资料，期待本书能对从事电力设备无人机巡检的同仁有所帮助，随着未来新一代新型电力系统建成，本书提出自动驾驶技术路线同样适合储能设备、光伏设备、水电风电设备等清洁能源电力设备巡检。也诚挚希望广大电力同仁在日常技术当中遇到新的问题难点与我们沟通探讨，共同为专业发展作出贡献！

本书在编写的过程中，得到中国南方电网数字电网研究院、南方电网电力科技股份有限公司、广东电网佛山供电局、韶关供电局、汕头供电局、深圳大疆创新科技有限公司、成都纵横科技有限责任公司、北京数字绿土科技有限公司、广东工业大学的大力支持和帮助，在此表示衷心感谢！

由于编写时间紧，且无人机巡检技术的发展日新月异，本书难免有不足之处，敬请广大读者给予指正。

编　者

2021 年 10 月于广州

目　录

1　电力无人机自动巡检

随着无人机及信息处理等技术的快速发展，无人机巡检因其具备近距离检测能力、作业方式灵活、成本低等优势，成为线路运检的主力。近年来，机巡数据智能建模技术的快速发展为无人机自动巡检创造了条件，基于航线规划的无人机自动巡检技术显著提高了无人机电力巡检的作业精度和巡检效率。

1.1　无人机自动巡检简述

随着无人机技术的快速发展，无人机因飞行高度高、视角广阔，可近距离全方位监视电网设备状态，能及时发现缺陷，有效弥补常规巡视、监控的盲区问题，越来越受到电力巡检的青睐。将无人机技术与电力技术融合，提升输变配电环节的智能运维水平已经成为我国智能电网的发展趋势。

电力巡检领域的无人机自动巡检是电力线路智能建模技术与无人机自动巡检技术的融合产物，无人机按照预先规划的航线自主完成检测和规障飞行。该技术利用目标区域的点云数据及其精准坐标进行人工航线规划，是依赖于RTK 高精度定位技术，同时借助可见光、激光雷达、倾斜摄影、红外等机载检测设备，自主完成线路巡检任务的新一代无人机巡检技术。在云端下达指令后，无人机可按照预先规划的航线开始高精度绕塔飞行，获取红外、可见光、激光雷达数据，实现输电线路的全方位巡视。

受限于无人机通信及数据处理技术，现阶段无人机巡检还不能实现理想中的全自动化，仍需人员辅助起降和进行数据处理。现阶段无人机自动巡检效率的提高，一定程度上解放了更多的人力。未来在 5G＋RTK＋AI 技术下，将实现完全无人化作业，实现远程调度无人化、全自动化巡检、实时处理及传回数据、自动回巢、自动充电等自主作业。

1.2　无人机自动巡检流程

基于激光点云的自动巡检作业流程主要包括以下几个步骤，如图 1-1 所示。

图 1-1 激光点云的自动巡检作业流程

（1）数据准备。根据作业计划要求，收集作业线路段信息，准备作业线路段的已有激光点云数据，并建立线路三维场景模型。

（2）点云精度校验。校验线路三维场景模型质量及线路点云精度，保证点云坐标与地理坐标一致、准确、可用。

（3）航线设计。根据作业计划及作业内容，基于真实地理坐标线路三维场景模型设计输电线路自动巡检飞行航线。

（4）航线审核。应用三维场景计算分析与人工浏览相结合的方式，审核航线，排除飞行航线上的飞行风险点，保证飞行安全。

（5）上传航线。上传航线到机巡业务管理系统。

（6）作业计划下载。根据机巡业务管理系统作业计划，下载当前计划航线至作业无人机操作平台。

（7）飞行准备。现场作业人员对作业地点进行勘察，确认天气是否符合作业要求，选取起降点，清除线路通道通信障碍，排除飞行风险点，安装和检查作业设备，确保飞行安全。

（8）巡视飞行。确认作业场地无安全风险后，启动无人机，开启自动巡检模式，执行自动巡检巡视飞行。

（9）数据整理。在无人机完成飞行任务安全降落后，对作业数据进行分类归档处理，对作业结果进行分析总结，评估飞行质量，收拾现场装备，完成飞行作业。

1.3 无人机自动巡检发展现状

随着电网的快速发展，电力行业机巡作业市场规模不断增加，除输电线路巡检外，在风电发电、光伏发电、铁塔公司等其他能源行业市场，以及规划设计、基建工程、物资配送、安全监督等领域也提出了无人机作业需求，市场潜力巨大。

截至 2019 年年底，全国电力行业无人机保有量约在 15 000 架，国家电网公司和南方电网公司合计约占 95%，风力发电和太阳能光伏电站等行业也开始推广使用。在推广阶段，机器性能基本满足生产需求，作业便捷性较好，深得一线生产班组员工喜爱，推广较为迅速。

需求的暴增、资本的投入，让技术迭代升级加快。在无人机横向种类延伸方面，广东电网自主研发和引入了多种特种无人机（发热丝、激光雷达、红外、夜视、喷火、喷药、系留、垂直起降固定翼）；纵向技术延伸方面，开发了自动巡检 APP（南网智巡通）、无人机管家、机巡作业管理系统以及各类数据处理系统等软件平台。无人机应用已经从输电走向配电、变电，从直接购买到研发定制，从硬件使用走向深层次软件和数据分析应用。借助 RTK 高精度定位、油电混合、AI 视觉、微型高清变焦相机及其增稳等技术，无人机正在迈向一个新的"自动巡检时代"。

电力设备因其架设环境不变特性、设备种类简单、线路周围干扰少，实现电力无人机自动巡检相对其他行业更加快捷迅速。目前，固定翼无人机作业已经基本实现自动巡检：在地面航线规划完成、做好起飞准备后，垂直起降固定翼无人机可根据地面电台信息，自动垂直起飞，然后盘旋爬高进入航线，自主沿设置航线开始作业。借助 RTK 技术，无人机能够实现精准起降。整个过程中，无人工干预。

多旋翼无人机近年来开始支持 RTK 高精度定位技术，为多旋翼自动巡检技术提供了有力的支撑，此项技术有望逐步替代有人直升机巡视。无人机在接受云端指令后，按照规划航线开始高精度绕塔飞行，获取红外、可见光、激光雷达数据，实现输电线路的全方位巡视。预计 2025 年广东电网公司将实现全部常态化电力设备常态化自动巡检，技术路线大致如下。

2018～2019 年阶段：完成自动巡检技术体系建设，验证全程站到站自动巡检的可行性。基于 DJI Mobile SDK 技术，对现有 Photom4 RTK、M210RTK 等机型进行二次开发，完成机巡通 2.0、航线 Web 设计系统研发。无人机从自动充电站起飞，自动执行航线，逐个航点飞行，到达指定位置后，使用 AI 识别零部件并进行变焦拍照，完成全部航点任务后，返回充电，上传飞行数据。

2020～2022 年阶段：完成输变配自动驾驶航线全覆盖，巡检人员在现场通过云端将已规划的航线下载到自动巡检 APP 中，一键启航使无人机沿航线

进行自动巡检，巡检完成后利用图像识别及树障分析系统进行自动缺陷判别。

2023～2025 年阶段：高级自动巡检阶段，引入油电混合机型，无人机与云端直接通信，飞机在智能机库接受指令后起飞，在巡检拍照完毕后，使用机载计算机芯片完成缺陷分析识别，产生报告后，通过 5G 网络可以直接回传原始数据和结果报告。

<h2 style="text-align:center">小 结</h2>

本章介绍了无人机自动巡检的基本知识和背景，引入了无人机自动巡检在电网巡检领域中的应用现状，分析了无人机自动巡检发展现状，指出了无人机自动巡检在电力巡检领域的技术路线和前景。

2 自动巡检基础装备及数据解算

随着电网快速发展，电力行业机巡作业市场规模不断增加，在输电线路巡检领域，无人机的作业应用越来越多。无人机是通过无线电遥控设备或机载计算机程控系统进行操控的不载人飞行器，按飞行方式主要可分为无人直升机、固定翼无人机、多旋翼无人机。无人机不但能完成有人驾驶飞机执行的任务，更适用于有人飞机不宜执行的任务。无人机巡检是指将激光雷达、红外测温系统、多拼相机和多光谱相机等任务设备与无人机适配挂载，针对输电线路开展飞行巡检作业，并通过无线通信方式将现场巡视影像数据实时传回地面监控系统的一种作业方式。相比于有人直升机巡检，无人机巡检能够降低作业人员的安全风险，在突发事件应急、预警方面也有很大的作用。本章主要内容有二：一是介绍无人机的机型及其搭配的传感器；二是介绍通过各种机型与传感器的相互组合，并采用最先进的数据分析系统，实现了自主巡检的一套流程。

2.1 自动巡检机型介绍

从作业安全、作业效率、作业质量等多个方面出发，使用无人机巡检逐渐替代部分人工巡视，是电力行业解决老大难问题、推行智能巡检技术的必然选择。无人机按旋翼形式的不同一般可分为固定翼无人机和旋翼无人机两种，其中旋翼无人机又可分为无人直升机和多旋翼无人机两种。与固定翼无人机相比，旋翼无人机技术水平更高一筹，它可以垂直起降和悬停，针对特殊故障和缺陷问题进行诊断。这三种无人机巡检平台各具优势，下面做简要分析介绍。

自动巡检工作主要由数据采集、航线规划和现场作业三个阶段组成。

第一阶段数据采集，主要是采用无人机或是有人直升机搭载传感器，获取线路高精度点云数据的过程。数据采集过程适配机型较为广泛，可通过有人直升机搭载激光雷达采集点云数据，同时还需架设地面 RTK 基站，通过事后差分解算来获取高精度的定位数据；也可采用无人直升机、固定翼无人机、多旋翼无人机搭载激光雷达设备采集点云数据；或通过集成实时差分解算的多旋

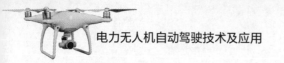
无人机搭载可见光相机采集二维影像信息，利用成熟的商业三维建模软件来获取输电线路高精度点云数据。

第二阶段自动巡检航线规划，基于采集到的高精度点云数据，通过专业软件对点云进行处理，最后在已完成处理的点云上进行标塔、设置航点和拍摄点、自动生成无人机自动驾驶航线。

第三阶段现场作业，主要是通过多旋翼无人机来实现输电线路自动巡检。目前，输电线路主要使用的是大疆精灵 4 RTK 和大疆 M210-RTK，也可应用固定翼无人机和无人直升机来实现输电线路自动巡检，相关可用于现场自动巡检机型介绍如下。

2.1.1 无人直升机

2014 年，广东电网公司自主研制的第一代大型无人直升机"Z-5"，可以同时搭载可见光、红外、紫外、激光雷达等多个传感器，通过激光雷达扫描，然后规划"Z-5"无人直升机的自动巡检航线，让无人机实现对输电线路的高精度扫描，为广东电网无人机的应用推广奠定了坚实的基础。"Z-5"无人直升机如图 2-1 所示。

图 2-1　无人直升机"Z-5"

但当飞行区域遇到建筑物遮挡时，通信会受到影响，可能导致地面监控人员与飞机"失联"。卫星中继通信在生产中的应用越来越广泛，但在大型无人机电力巡检中却尚属首次，广东电网研发团队探索将卫星中继通信应用于大型无人机巡检系统，确保飞行不受通信距离和复杂地形的限制，避免"盲飞"，从而实现超视距飞行。借助卫星通信的"无孔不入"，无人机在夜间巡航时，即使离开地面监控人员视线，也能出色地自主完成巡检任务，视频等数据传输完全不受影响。

无人直升机凭借着长续航能力和较强的负载能力，可以应用于主网精细化巡视和通道巡视，但由于体积较大无法近距离靠近输电设备，因此在输电线路精细化巡视上有一定的局限性，不便于大规模推广应用。

2.1.2　固定翼无人机

固定翼无人机由于结构及飞行原理上的优势，引擎不需要克服机身重力，图 2-2 所示为固定翼无人机。理论上电机的推力只要在机身重力的 1/10 量级上就可以飞起来，但多旋翼需要大于机身重力的大推力电机才能飞起来。

图 2-2　滑跑起飞固定翼　大白Ⅱ代

在相同规格参数下，固定翼无人机和多旋翼无人机相比较，固定翼无人机可以装载更大的电池或更多的设备，同样容量的电池也可以飞行更长时间，所以续航时间完全超越了多旋翼无人机。再考虑到速度上的优势，固定翼无人机的航程一般能达到 80km 以上，是多旋翼无人机的 5 倍以上，在搭载同样设备的情况下，可对线路进行更大范围的排查。

由于在进行长线路大范围排查时需要长航时、长距离地飞行，故而选择固定翼无人机。固定翼无人机并不是没有缺点，由于速度快、飞行高度太高，无法对设备本身的细节缺陷进行扫描识别。因此固定翼无人机适合开展输电线路的通道巡视，以其机动灵活、便携等优势，搭载微单相机，可在阴天云下获取光学影像、可低空获取高分辨率影像、可远距离长航时飞行、可在高危地区探测、可在复杂环境下做复杂航线飞行。运用飞控系统为图片加入 POS 信息，将收集到的图片通过处理、分析，可发现线路上的外破隐患。运用计算机软件对图片进行拼接和整理，可以得到一张完整线路的图像，方便维护管理。

2015 年刚引入广东作业的固定翼无人机机型，需要跑道起飞，只能观测地面是否有挖掘机、山火等大目标隐患、风险点，整体应用前景一般。

2017～2018 年广东电网引入了图 2-3 所示的垂直起降固定翼无人机，成功解决了起降难题，将固定翼作业的准备时间由原来的 40min，缩减至 10min 以内。由于 RTK 精准导航系统，无人机作业过程中全程自动巡检，无须人工干预，同时，打通了输电线路倾斜摄影测量技术路线，实现了导线对树木的安全距离测量。

图 2-3 电动垂直起降固定翼

固定翼无人机因其较快的飞行速度，且不能长时间悬停的特点，无法定点定时拍照，不能应用于输电线路精细化巡视，可借助倾斜摄影技术来实现输电线路通道巡视。

2.1.3 多旋翼无人机

多旋翼无人机通常只需要一块空旷平整的场地就能进行垂直起降，可以悬停和低速飞行，因此近距离、低速运动或者长时间保持同一视角的观测任务可使用多旋翼无人机完成。在操控性方面，多旋翼的操控比较简单，起飞后悬停于空中，通过摇杆使其进行小幅度的前后、左右运动还有方向的调整，可以精准地控制多旋翼无人机的位置，以检测目标。在可靠性方面，多旋翼也是表现最出色的，由于其结构原理，利用无人机飞控增稳系统，能够使无人机机身自动平衡。就六旋翼无人机来讲，在一个螺旋桨出现故障的情况下，依然能够安全着陆。

多旋翼无人机自 2013 年进入电力行业应用以来，深受一线生产班组喜爱，需求快速增长，也促进了相关技术的进步。多旋翼无人机遥控距离从原来的 500m 提升到 7000m，相机从原来的 1000 万定焦，提升到 2000 万变焦，从原来的只能飞，到现在还可以开展特种带电作业，应用专业也从原来的输电扩展到配电、变电，续航也从纯电动的 15min，扩展到油电混合 3h。

2018 年电力行业主力作业无人机——双光高精度定位无人机（见图 2-4），具备 7km 高清图传，RTK 高精度厘米级导航定位，支持可见光、红外双光负载传感器，续航时间达到 35min 以上，作业半径延伸到 5km 范围内，整体性能有大幅度提升。

2018 年广东电网开始大范围应用小型无人机。小型无人机系统主要用于航测、农业、监视等领域，操作简单，可实现单人携带并操

图 2-4　双光高精度定位无人机

作，全自主飞行，垂直起降，标准载荷下总重小于 7kg。模块化设计，可快速拆解为七部分，连接处电器插头和机械连接一次同步完成，无需单独对接。使用全新电源管理模块，全机仅由一块电池供电，简化了用户操作流程，提高了电源的利用效率。

小型无人机系统主要有 12 大性能特点：

（1）重量轻：飞行平台加任务设备总重量小于 7kg，轻便灵活。

（2）运输携带方便：采用一体化背包式设计，背包总重量小于 15kg，轻松实现单人运输和徒步携带。

（3）融合式翼尖小翼：更优化的气动布局。

（4）优秀的高原性能：最高起飞海拔 4500m。

（5）模块化设计：大量卡扣、自锁装置，无需任何工具即可完成无人机拆装，3min 内即可完成无人机组装。

（6）垂直起降：大大减小对场地、弹射架、降落伞等依赖，作业场地适应广。

（7）全自主起飞：无需遥控器，一键起降，安全简便，降落精度 10cm 以内。

（8）RTK/PPK：标配实时差分和事后差分两种模式同时使用，实时差分主要用于厘米级精准自主垂直降落，后期差分主要用于输出高精度 POS 数据，确保减少 80%以上像控点。

（9）姿态好：气动经过严格的风洞实验设计，飞行控制采用总能量自适应

算法，两者确保姿态稳定，方便生成 DLG 成果。

（10）曝光同步：曝光同步模块确保曝光延时控制在 10ms 以内。

（11）双 GPS 多冗余设计：确保飞行过程中若主差分 GPS 出现异常可以平滑切换到备份 GPS，保障飞行安全。

（12）双磁罗盘多冗余设计：确保飞行过程中若内置磁罗盘出现异常可以平滑切换到备份外置磁罗盘，保障飞行安全。

图 2-5　大疆精灵 4 RTK 无人机

同时，大疆精灵 4 RTK 凭借小巧轻便的机身，加上强悍的性能，续航能力、图传距离、高性价比等因素，基本满足电力巡检的需求，在近两年已成为电力巡检的主力机型，可适用于主配网通道巡检、精细化巡检和故障巡检，如图 2-5 所示。

2.2　自动巡检适配传感器

2.2.1　数据采集适配传感器

在无人机自动巡检的过程中，首先需要采集线路的高精度点云数据，而点云采集方式分为激光雷达扫描和倾斜摄影三维建模两种方式，适配的传感器主要包括激光雷达、多拼相机和可见光相机。

在无人机巡检输电线路时需要对线路的工况数据进行实时采集，与其自动巡检适配的传感器十分重要，本节主要对无人机挂载的激光雷达进行介绍。

无人机激光雷达通道巡检是利用激光雷达电力走廊进行扫描，获取输电线路本体及通道走廊的三维激光点云数据，其目的为快速掌握线路通道环境的缺陷和隐患。无人机激光雷达通道巡检主要用于小范围、局部区域的通道障碍物、交叉跨越、外力破坏排查以及灾后重点线路的应急巡视等应用。输电线路巡检小型激光扫描系统，能够方便快捷地挂载在大疆经纬 M600 型号的无人机平台上执行激光扫描任务，可快速获取通道内的高精度三维数据，扫描完成后，通过激光雷达分析解算系统进行一系列简单操作，即可自动生成线路的检测报告和平断面图。其采用的设备包含无人机、激光雷达、GNSS 接收机、飞行控制软件、激光雷达监控软件和智能巡检软件。

无人机型号为 DJI M600 Pro（见图 2-6），经纬 M600 Pro 延续了经纬 M600 的高负载和优秀的飞行性能，采用模块化设计，进一步提升了可靠性，使用更便捷。M600 Pro 标配三余度 A3 Pro 飞控、Lightbridge 2 高清数字图传、智能飞行电池组和电池管理系统，支持多款 DJI 云台与第三方软硬件扩展，载重高达 6.0kg，可为无人机激光雷达通道巡检提供可靠的高性能飞行平台。

图 2-6　激光雷达机型机身

激光雷达（Light Detection and Ranging），也被称作 LADAR 或 Laser Radar。作为一种主动探测感知系统，激光雷达是通过激励源周期性地驱动激光器发射激光脉冲，通过光束控制器控制发射激光的方向、线数，光电探测器负责接收激光束经过目标反射后的回波，产生接收信号，利用一个稳定的石英时钟对发射时间与接收时间做差，经由信息处理模块计算并输出测量距离、角度、发射强度等信息。典型的激光雷达观测的数据是一个 $N \times 4$ 的矩阵 $[x, y, z, w]$，其中 w 为反射强度，即点云。图 2-7 所示为无人机搭载的激光雷达传感器，其包括 HDMI 接口、USB 接口、内置通信电台、GNSS+IMU 装置、LiDAR 传感器和无人机对接平台。

GNSS 接收机可利用四种全球定位系统，实现网络和电台完整的 RTK 系统解决方案，还可以接收静态数据用于 PPK 解算系统。GNSS 接收机按用途可分为导航型接收机、测地型接收机和授时型接收机，其中地 GNSS 接收机如图 2-8 所示。

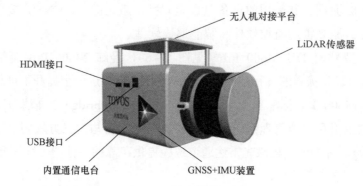

图 2-7　激光雷达传感器

图 2-8　地 GNSS 接收机

飞行控制软件 DJI Go（见图 2-9）是大疆无人机最新的配套 APP，搭配大疆无人机的使用，使用者可以很清楚地看到航拍的视角。APP 功能主要包括：实时高清画面显示、详尽的飞行参数和地图信息监控；远程遥控拍照与录像，并随时调整云台朝向和拍摄参数；飞行数据记录功能等。

图 2-9　飞行控制软件

激光雷达监控软件：巡线激光雷达数据采集器，如图 2-10 所示。

TovosPowerline UAV 智能巡检软件（见图 2-11）可实现飞行轨迹查看、点云解算、电力线全景浏览等功能，该软件可利用机载激光雷达获取的高精度点云，快速获得高精度三维线路走廊地形地貌、线路设施设备，以及走廊地物

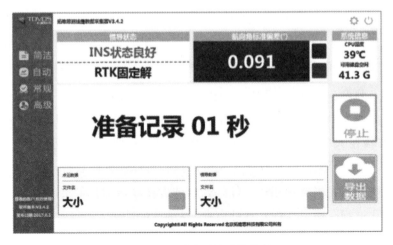

图 2-10　激光雷达监控软件

功能：

- 飞行轨迹查看
- 点云解算
- 电力线全景浏览
- 电力塔杆标绘
- 输电走廊自动划分
- 安全距离和交叉跨越检测 平断面图生成
- 中文巡检报告自动生成

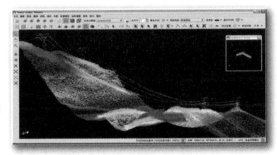

图 2-11　数据处理软件

（包括电塔、塔杆、挂线点位置、电线弧垂、树木、建筑物等）的精确三维空间信息和三维模型，从而为电力线路的规划设计、运行维护提供高精度测量数据成果，为输电线路的设计、运行、维护、管理提供更快速、更高效和更科学的手段。

2.2.2　现场作业适配传感器

无人机自动巡检技术可实现精细化巡视、通道巡视、故障巡视和夜间特种作业等。不同的巡视策略可搭载不同的传感器。

固定翼无人机自动巡检，一般是采用垂直起降固定翼无人机搭载激光雷达快速扫描输电线路主网通道的点云数据，或者是搭载可见光相机拍摄输电线路二维影像来实现输电线路通道巡视，同时借助倾斜摄影技术，对输电线路通道

13

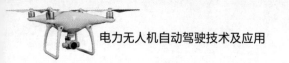

进行三维重建来获取输电线路的点云数据。

无人直升机搭载激光雷达来采集输电线路点云数据，搭载可见光相机可实现精细化巡视和通道巡视、采集通道二维影像数据，借助倾斜摄影技术可获取通道的点云数据，搭载红外相机可实现输电线路红外巡视。

多旋翼无人机，一般使用大疆精灵 4 RTK 无人机和大疆 M210RTK-V2 无人机。大疆精灵 4 RTK 是搭载固定的 2000 万像素可见光云台；而大疆 M210RTK-V2 无人机则是双光无人机，搭载可快速拆卸云台，适配的传感器为定焦或变焦可见光云台相机、红外云台或者激光雷达。可实现输电线路主配网的精细化巡视、通道巡视、红外巡视和故障巡视等。

2.3　作业场景与传感器组合

由于作业场景的多样性，故不同的作业环境需要搭配不同的传感器模块，以发挥各机型的最大优势，提升各作业巡视的效率和适用性。

2.3.1　各种机型对应作业场景

（1）无人直升机同有人直升机一样，负载能力强。无人直升机较早实现了自动巡检，为广东电网大力推广其他类型的无人机以及无人机驾驶技术打下了坚实的基础，建立了明确的技术路线。

但无人直升机作业适应性较差，对起飞场地、起飞气象环境要求极高，导致作业筹备时间太长；在公司现有的体制下，飞行、机务人员无法满足作业要求；同时，由于资本市场对无人直升机投入较少，导致无人直升机的相关技术进步远远滞后于固定翼无人机和多旋翼无人机，导致其作业效率、作业性价比相对其他机型较低。无人直升机不是未来机巡作业的发展方向，它已经完成了属于它的历史使命，建议逐渐退出作业现场。

（2）固定翼无人机适合用于开展输电线路通道巡查和树障隐患排查，目前已经实现了固定翼倾斜摄影以及激光雷达两种作业模式，探索出了正确的作业方向和运用范围，值得大力推广。

（3）多旋翼无人机，由于其出色的便捷性、稳定性和悬停性能，可以实现设备的全方位高精度巡检，是未来无人机自动巡检的主力机型。随着油电混合机型的成熟，多旋翼无人机的作业范围将会得到极大的提高。

（4）机器人是拥有和有人直升机一样负载能力的作业平台，可以同时负载雷达、红外、可见光多种传感器，适用于室内或者固定场所自动巡检，未来变电站有望全面实现机器人+无人机组合全覆盖。

2.3.2 组合关系矩阵

由于无人机的机型及其自身负载能力的大小不同，适合搭载的传感器类型也不尽相同，表2-1展示了不同无人机与各类传感器之间的组合关系。

表2-1　　　　　　　　　　　传感器与机型搭配示意图

机型	可见光		红外		雷达		多拼相机	
	可否搭载	推荐指数	可否搭载	推荐指数	可否搭载	推荐指数	可否搭载	推荐指数
无人直升机	√	☆	√	☆	√	☆	—	—
固定翼无人机	√	☆	—	—	√	☆☆☆	√	☆
多旋翼无人机	√	☆☆☆	√	☆☆☆	√	☆	—	—
机器人	√	☆☆☆	√	☆☆☆	√	☆☆	—	—

2.3.3 机型及数量配置标准

在实际无人机作业的过程中，为了能更好地操作无人机进行输电线路的巡检，在搭载不同传感器类型情况下，各类无人机需要配置不同数量的班组进行巡检。表2-2所示为按8人班组对其建议配置的班组数量。

表2-2　　　　　　　　　　　按8人班组建议配置

机型	可见光		红外		雷达		多拼相机	
	班组数量	适用班组	班组数量	适用班组	班组数量	适用班组	班组数量	适用班组
无人直升机	机巡中心试点推广							
固定翼无人机	2	机巡班	—	—	1	机巡班	—	—
多旋翼无人机	6	机巡班	2	机巡班	2	机巡班	—	—

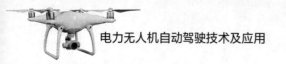

2.4 数据采集和解算

2.4.1 数据采集

2.4.1.1 采集方法一：激光雷达

激光雷达数据采集主要通过有人直升机、无人直升机、固定翼无人机搭载激光雷达吊舱对线路进行快速扫描，或使用多旋翼无人机配合小型激光雷达荷载来实现。使用激光雷达进行数据采集时，需严格遵守作业规程要求，包括装备要求、数据采集与处理要求、点云数据及精度要求。

（一）装备要求

根据《架空输电线路直升机激光扫描作业技术规程》（DL/T 1346），用于激光扫描输电线路作业的激光雷达设备应满足以下要求。

1. 激光雷达吊舱设备要求

（1）搭载的激光扫描系统设备的重量、体积应在直升机、固定翼的荷载范围内，抗震性强，可在直升机飞行环境下正常工作。

（2）激光扫描仪的有效测距应大于 300m，在满足飞行要求的情况下激光扫描设备采集的点云密度应大于 50 点/m²，数据存储空间应满足连续工作 8h 的要求。

（3）机载激光扫描仪的相关参数应满足表 2-3 的要求。

表 2-3　　　　　　　　机 载 设 备 要 求

设备	要求
机载激光扫描仪	（1）激光安全等级为Ⅰ级； （2）激光发散角≤0.5mrad； （3）回波次数≥4次； （4）脉冲频率≥300kHz

2. 小型激光雷达荷载设备要求

轻小型激光雷达点云数据采集设备需拥有高度集成激光雷达模块、惯性导航（IMU）、定位系统 GPS 和存储系统及飞行平台，通过发射和接收激光信号，获取被测物体距离信息，并结合激光扫描角度、时间及 GPS 记录的位置和 IMU 记录的姿态等参数，准确地计算出每个激光点的三维坐标（X、Y、Z），进而得到目标物的三维激光点云数据，见表 2-4。

表 2-4　　　　　　　　　　　　小型激光雷达荷载设备要求

序号	名称项目	参数值
1	激光等级	1 级（人眼安全）
2	测距	220m（60%反射率）
3	扫描角度	81.7°×25.1°
4	激光器数	1
5	点密度	点密度：≥200 点/m² （速度>4m/s，测距 100m 时）
6	每秒激光点数量	24 万点
7	集成无基站解算模块	具备
8	信号跟踪	GPS：L1，L2，L2C； GLONASS：L1，L2；Galileo：E1； BDS：B1、SBAS、QZSS
9	定位精度	水平 0.2m，高程 0.1m
10	数据更新率	≥20Hz
11	姿态精度	横滚、俯仰 0.008°，航向 0.038°
12	对准方式	GPS 辅助定向

3. RTK 定位装置要求

飞机飞行周围环境复杂，尤其是高压带电设备，如果飞行位置有偏差，可能会造成飞机损毁的事故，甚至导致电力线损坏。所以控制飞机飞行 RTK 定位设备定位精度应在 0.2m 范围内，即设计的航点坐标和飞机实际飞行的位置误差不超过 0.2m，设计的航点高度和飞机实际飞行的高度误差不超过 0.2m。

4. 杆臂值要求

杆臂值就是各个传感器之间的相对位置关系，杆臂效应常见于惯导和其他导航系统的组合中。每个传感器的位置计算都是相对于其本身的，以惯导和GNSS 为例，就是惯导系统安装位置和 GNSS 天线不重合，GNSS 输出的观测值是天线相位中心的位置速度，惯导的结果就是惯导系统安装的位置，那么组合时就会出现误差，位置观测结果就会有误差。需要有一个统一的坐标系来补偿这个距离，否则会把估计量带偏。因此，计算出补偿的杆臂值对于位置信息

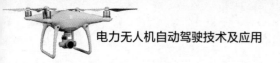

电力无人机自动驾驶技术及应用

的精确与否至关重要。

（二）飞行要求

1. 直升机飞行要求

激光雷达数据采集一般采用直升机快速巡检以相对较高的飞行速度快速对电力走廊进行数据扫描，与直升机精细化巡检相比，其能保障整条线路通道点云数据的连贯性。

直升机快速飞行采集激光数据如图 2-12 所示，直升机在塔顶上方飞行，飞行高度（真高）150～200m，飞行速度 12～28m/s。作业时，同时开启短焦相机、激光雷达和红外热像仪。短焦相机采用定时曝光，曝光间距 2s；激光雷达采用 riegl 的 VUX-1UAV 型号，扫描角度设置为 135°～225°，扫描线数为 200，扫描模式采用模式 3（300kHz）。

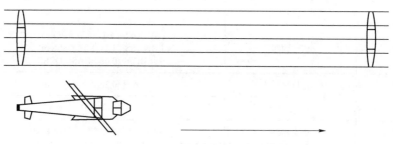

图 2-12　直升机飞行示意图

2. 固定翼无人机飞行要求

固定翼无人机采集激光雷达数据时一般采用相对较高的飞行速度快速对电力走廊进行数据获取，其目的为保障整条线路通道点云数据的连贯性。

固定翼无人机快速飞行采集激光数据如图 2-13 所示，固定翼在平行输电线路左右各 30m 飞行，飞行高度（真高）200m，飞行速度 27m/s。作业时，同时开启短焦相机、激光雷达。短焦相机采用定时曝光，曝光间距 1.6s；激光雷达采用 riegl 的 VUX-1LR 型号，扫描角度设置为 135°～225°，扫描线数为 200，扫描模式采用 600kHz。

（三）点云数据精度要求

激光雷达扫描所获得的点云数据需要满足一定的基本要求和精度要求。

输电线路自动巡检作业全自动对杆塔部件进行拍摄，自动飞行、自动调整飞机姿态、自动对焦、自动拍照，都需要高精度的定位。

图 2-13 固定翼无人机飞行示意图

（1）点云精度。用于航线规划的点云绝对位置精度误差宜在 0.2m 以内，最大误差不超过 0.5m。如果误差范围太大会导致设计的拍照航点无法对准目标部件，甚至出现安全事故。

（2）点云纠偏。对误差较大的点云可以通过采集地面控制点进行纠偏，就是使用测量型的 GNSS 接收机设备在点云覆盖的特征点位进行坐标采集，然后对比点云数据进行纠偏，纠偏到 0.2m 的误差范围内（最大误差不超过 0.5m）才能进行航线设计，否则需要重新采集点云数据。

2.4.1.2 采集方法二：倾斜摄影

倾斜摄影技术作为重要的多旋翼无人机航拍技术，运用多角度相机同步获取地面物体各个角度的高分辨率影像以及经纬度等信息，其具备快速还原真实现状、方便野外数据采集、成本低、精度高等特点，已逐渐成为主流的无人机遥感采集数据技术。而基于倾斜摄影的三维实景精细模型制作技术，由于真实性高、建设周期短、成本低的特点，在数字化城市建模中发挥着巨大的优势，正逐渐成为新的建筑物三维模型生产的重要方式。

（一）装备要求

作业无人机需要满足一定的硬件要求，可拍摄和录制清晰的照片和视频，具有完善的定位导航系统，用于精细化巡检的多旋翼无人机需要搭载 RTK 定位设备，飞机需要具备智能的飞控系统，支持自定义飞行航线及动作。

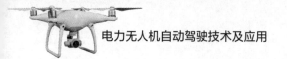

硬件装备的要求如下：

（1）作业无人机应具备拍摄和录制清晰照片和视频的功能，具有完善的高精度定位（RTK）导航系统。

（2）用于精细化巡检的多旋翼无人机宜具备 RTK 定位功能，RTK 定位精度应优于 30cm，支持自定义飞行航线及动作。

（3）作业无人机应具备保障航线安全稳定运行的功能，如数据链中断，航线任务自主执行和高精度定位功能无法正常运行；应具备避障悬停或原路返航功能，如无此功能应保证飞行中图传信号不中断。

（4）飞行平板的要求能够流畅运行和正常加载飞行软件，其次应具备足够的内存存储线路 kml 数据和航线数据。

（二）数据采集方法

倾斜摄影数据采集主要包括以下三个步骤：

（1）准备飞行前，需要根据飞行的内容在 APP 软件内选择相应的模式。

（2）根据建模的内容选择对应的模式后，需要在 APP 内填入相应的参数，包括航高、重叠度等。航高取决于项目地面分辨率（GSD），以及使用传感器像元大小，根据式（2-1）计算得出（见图 2-14），即

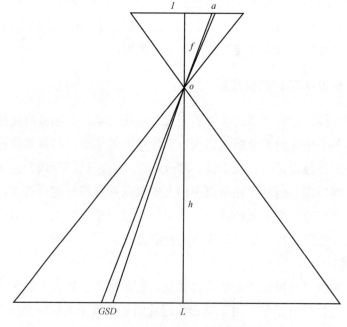

图 2-14　航高与地面分辨率关系图

$$\frac{a}{GSD}=\frac{f}{h} \qquad h=\frac{f\times GSD}{a} \qquad\qquad (2-1)$$

式中　h——相对飞行高度；

　　　f——镜头焦距（90mm）；

　　　a——像元尺寸（6.1μm）；

　　GSD——地面分辨率。

按照式（2-1）可获得相应地面分辨率 GSD 的飞行高度。

（3）在 APP 内进行航线敷设。在实施的过程中航线敷设以沿线路走向为主，同时需要考虑地形环境因素的影响，保证航线及延长方向的地形高度不影响飞行安全高度。进行航飞影像数据采集，航向重叠度控制在 70%~80%，旁向重叠度控制在 30%~40%。

本节将介绍通过"智巡通"软件对倾斜摄影图像进行采集的过程。目前点云采集的方式有两种，一种是蛇形飞行，另一种是往返飞行，如图 2-15 所示。经过试验，蛇形飞行的拍摄角度最全面，建立的模型最好，因此这里选用蛇形飞行的方式。

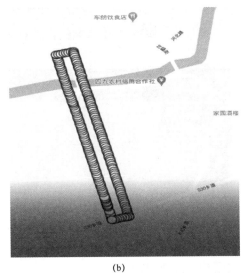

(a)　　　　　　　　　　　　　　　　(b)

图 2-15　两种飞行方式

（a）蛇形飞行；（b）往返飞行

主要步骤如下：

第一步，安装并打开"智巡通"APP，选择"点云采集"模式。

电力无人机自动驾驶技术及应用

点击 按钮可以将当前位置设置降落点，如图 2-16 所示。

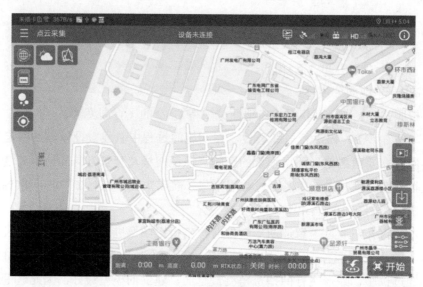

图 2-16　降落点位置设置

点击 导入需要采集的线路文件并选择需要采集的杆塔进行作业， 按钮可以撤销杆塔， 可以还原撤销了的杆塔，如图 2-17 所示。

图 2-17　杆塔撤销与还原

点击右下角 按钮会弹出提示，选择"立即开始"录屏，当飞行任务结束时再点一次右下角的按钮关掉录屏功能并自动保存在作业平板内存中，如图 2-18 所示。

图 2-18　录屏界面

点击 按钮填写任务名保存任务，如图 2-19 所示。

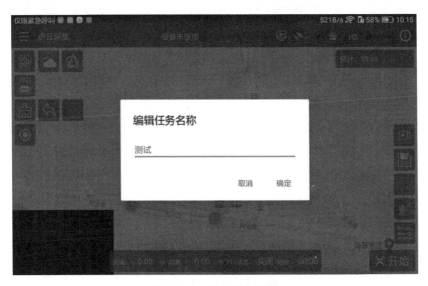

图 2-19　任务保存界面

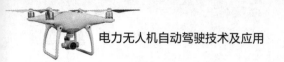電力無人機自動駕駛技術及應用

点击██可加载执行过的任务杆塔坐标采集，点击右下角的██按钮跳转到杆塔采集页面，点击██按钮导入航线，如图2-20所示。

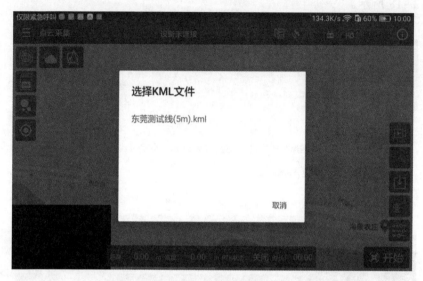

图2-20　航线显示界面

将无人机飞至塔顶正上方，点击██按钮进行拍照并记录杆塔坐标信息，如图2-21所示。

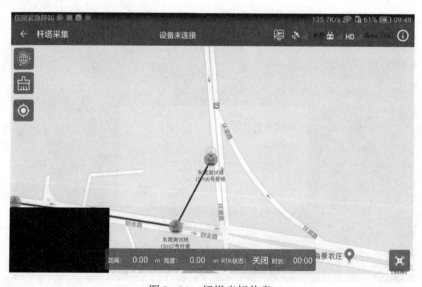

图2-21　杆塔坐标信息

点击![icon]可设置点云采集飞行线路模式、航线高度、起降高度、侧面角度等参数，点击 ⑦ 可查看详细描述，如图 2-22 和图 2-23 所示。

图 2-22　杆塔信息设置

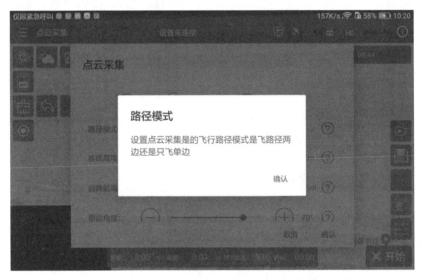

图 2-23　路径模式设置

系统具有一键起飞、无人机完全自主执行飞行任务、全自动降落功能以及紧急情况下一键暂停任务及低电量自动返航等功能。

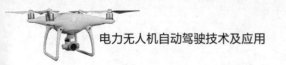

一键自动起飞：点击 ✈开始 按钮，系统开始自动检查飞行条件，如图 2-24 所示，完成飞行前安全检查后，滑动 ✈滑动开始飞行 ≫ ，无人机开始自动起飞及执行任务。任务执行过程中，遇到任何突发情况，可以点击屏幕右下角 ✈暂停 按钮一键暂停任务。

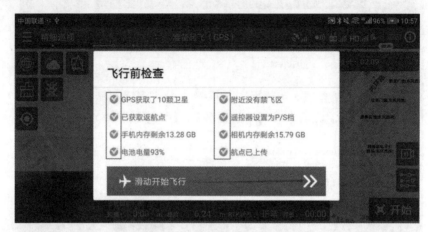

图 2-24　系统检查飞行条件

任务执行过程中，系统可实时显示无人机拍摄姿态、相机参数、拍摄视频或照片，航飞任务及常规的 GPS 信号强度、卫星数量、图传信号强度、遥控器信号强度、电量等参数。

2.4.2　数据解算

数据解算是根据采集的数据结果对数据进行处理后，根据数据解算协议对数据进行解算，主要包括激光雷达数据的解算以及倾斜摄影数据的解算。

2.4.2.1　激光雷达数据解算

有人机、无人机激光雷达采集数据后，首先应解算 POS 数据，确定航迹，解算激光点云数据，然后进行数据拼接，制作数字正射影像和数字高程模型，最后建立输电线路三维模型。数据采集和处理流程如图 2-25 所示。

（一）数据预处理

激光扫描数据预处理，即 POS（位置信息）数据解算，主要方法是 PPK 解算，即通过把直升机获取的机载 POS 数据与地面 GNSS 参考站数据联合处理，解算飞行轨迹文件。POS 数据解算包括以下内容：导出 GNSS 与 IMU 数据、差分 GNSS 数据解算、GNSS 数据和 IMU 数据联合处理、计算激光点云的三维空间坐标。通过预处理可得到激光点云数据（las1.1 及以上标准格式）、飞行航迹、数码相机航迹、GNSS 时间列表等文件。整个预处理流程如图 2-26 所示。

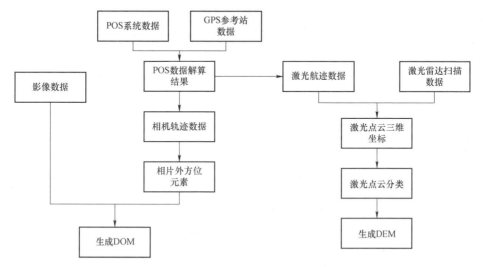

图 2-25 数据采集和处理流程图

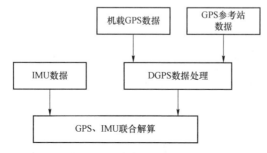

图 2-26 整个预处理流程图

近年来随着 RTK 技术发展，激光数据位置信息解算也开始引入了 RTK 技术。其工作原理是：将一台接收机置于基准站上，另一台或几台接收机置于飞机上，基准站和移动站同时接收同一时间、同一 GPS 卫星发射的信号，再将基准站所获得的观测值与已知位置信息进行比较，得到 GPS 差分改正值。然后将这个改正值通过无线电数据链电台及时传递给共视卫星的飞机精化其 GPS 观测值，从而得到经差分改正后飞机较准确的实时位置。

目前的激光雷达 POS 数据解算主要以 PPK 为主。

（二）数据检查

（1）应检查原始数据的完整性、完好性、精确性，确保激光扫描数据、相片数据无漏洞地覆盖了线路走廊带，且没有文件损坏。

（2）应检查激光扫描仪、数码相机相对于 POS 系统的偏心量。

（3）应检查影像质量，是否有云雾遮挡等。

（4）应检查线路走廊激光扫描覆盖带宽不小于 90m，原始激光点云数据点密度不小于 50 点$/m^2$。

（三）数据分析

1. 激光点云分类

（1）对已有三维坐标的激光点云，应先剔除激光点云的噪点，对地物进行粗分类。

（2）应参考数据采集过程中获取的同步影像，对三维激光点云数据进行多方向检查。

（3）根据点云形态，利用影像资料进行地物识别详细分类。

2. 数据筛选

数据筛选宜裁剪影像数据，对点云数据进行裁剪抽稀，生成线路走廊，提高处理效率。

3. 数字高程模型

用分类后的激光点云数据生成数字高程模型，格网大小宜为 1.0m×1.0m，数字高程模型的精度应符合 CH/T 9008.2—2010 的相关要求。

4. 数字正射影像

应通过分类后的激光点云对航摄影像进行正射纠正，创建数字正射影像。数字正射影像应色调均匀、反差适中，地面采样间隔宜为 0.1m，数字正射影像的精度应符合 CH/T 9008.3—2010 的相关要求。

5. 输电线路三维模型

应基于数字高程模型、数字正射影像生成输电线路三维地形、地貌，对杆塔和导线建模，利用激光扫描数据精确匹配模型实际坐标，建立输电线路三维模型。

6. 线路安全分析

对输电线路关键区域进行分析，检测线路对树木、建筑和交叉跨越线路等周围物体的距离，应对线路运行进行安全评估分析，输电线路安全分析应符合

DL/T 741 相关要求。

（四）成果资料整理

（1）成果资料应包括分类激光点云数据、数字高程模型、数字正射影像、输电线路三维模型、危险点分析报表、技术报告以及其他相关资料。

（2）对原始数据、中间数据、预处理成果数据进行分类保存与备份，原始数据应至少保存一式两份。

（五）数据安全

（1）对相关电子文档及激光扫描采集的原始数据，应设立专门的存储设备，选择性能好、稳定性高的介质作为存储设备。注意数据的备份与保存，防止设备损坏或人为误删导致的数据丢失。数据一式两份，原始数据应保存完好，不得在存储原始数据的移动硬盘上处理数据。

（2）激光雷达数据及 POS 数据应妥善保管。

2.4.2.2 倾斜摄影数据解算

倾斜摄影数据采集完成后应根据作业数据进行作业质量评价，使用专业软件分析照片中拍摄目标在图像中的占比是否达到要求，图像是否清晰，是否存在过曝或虚焦的情况，对同一目标的历史照片进行横向对比，得到照片差异，分析拍照精度，综合评价结论便于后期不断优化飞行航线和拍照策略。根据作业类型不同，对采集回来的图像数据进行分析解算处理。主要解算工具是单机版"大疆智图"和"云解算平台"，对倾斜摄影的点云数据进行解算得到三维模型，这里的建模过程采用倾斜摄影技术，解算的过程如图 2-27 所示。

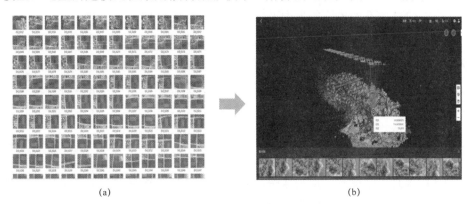

(a)　　　　　　　　　　　　(b)

图 2-27　点云数据解算

（a）点云采集二维照片；（b）三维模型

下面重点介绍"云解算平台"的操作方法。

可见光点云解算模块能实现可见光影像的云端解算，通过网页端进行数据处理任务新建和数据上传，实现可见光影像空三计算、点云生成、正射影像生成的云端数据处理，最终可从网页端下载结果数据和质量报告，支持数据计算时的计算节点资源监控，支持数据量、数据大小等数据统计显示。

可见光点云解算模块操作流程如下。

如图 2-28 所示，可见光点云解算模块及数据任务界面主要由以下 8 部分组成。

图 2-28　数据任务模块界面

（1）用户信息显示区：显示用户信息。

（2）主功能显示区：可见光点云解算包括数据任务、资源监控、统计报表，按需切换到不同模块的界面及实现不同模块的操作。

（3）任务数据操作：通过不同按钮快速实现数据任务新建和删除、数据上传和下载、参数设置、执行处理、点云预览结果等操作。

（4）页面切换按钮：将多条信息以多个页面显示出来，使整个系统看起来更有条理。

（5）关闭、收起、展开按钮：实现任务关闭、折叠和展开。

（6）进度显示：以百分比的形式显示影像上传进度和百分比。

（7）帮助文档按钮：点击【帮助】按钮，可在线查看以及下载 pdf 格式的可见光点云解算模块用户操作手册。

（8）任务清单按钮：点击【任务清单】按钮，管理员可导出可见光模块所有数据员已操作完成的任务信息（该功能为管理员操作）。

在数据任务初始界面（见图 2-29），点击【新建任务】按钮，在弹出新建任务界面窗口，如图 2-30 所示，完善任务相关信息，填写电压等级、地市级等相关信息，任务名称自动匹配生成，点击【选择文件】按钮，在文件夹中选取要上传的影像图片（支持 JPG/JPEG 格），点击【打开】按钮，完成上传操作；如图 2-31 所示，数据任务界面显示当前准备上传影像的张数；点击【确定】按钮，完成创建任务操作。

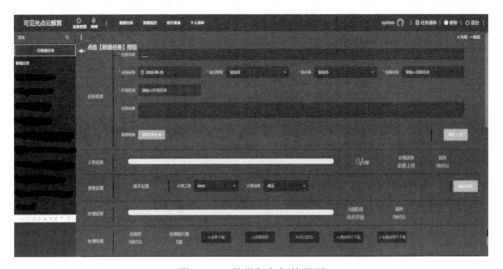

图 2-29　数据任务初始界面

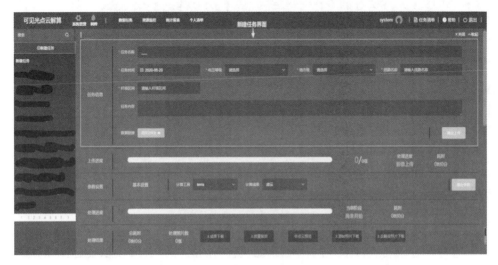

图 2-30　新建任务界面

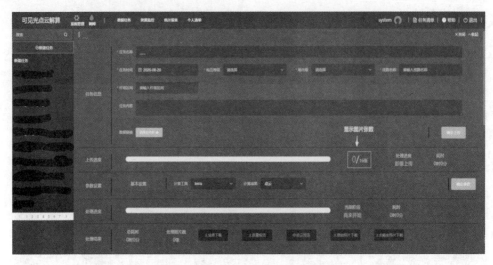

图 2-31　上传影像

配电 10kV 和 35kV 任务规范名称：地市级_县区所_供电局_电压等级_线路名称_支线名称_杆塔区间。

主网 110、220kV 和 500kV 任务规范名称：地市级_电压等级_线路名称_杆塔区间。

新建任务点击【确定】按钮后，如图 2-32 所示，上传进度条开始置蓝，进度条到 100%时说明上传完成，上传结果如图 2-33 所示。

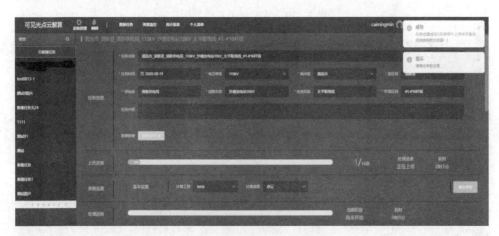

图 2-32　影像数据上传中

任务图片上传完成后，【计算工具】默认计算工具 Terra；以及选择计算成果，Terra 计算成果包括点云；任务新建完成后，系统会自动确认参数。

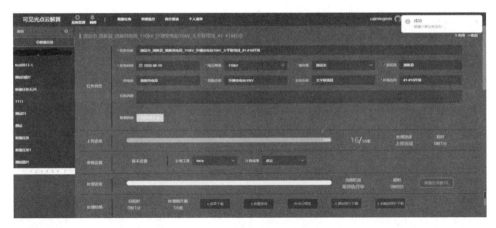

图 2-33　影像数据上传后

　　点击参数设置【确认】按钮后，如任务正处于排队状态中，排队任务信息提示如图 2-34 所示；如该任务正进行空三解算中，处理进度条开始置蓝，如图 2-35 所示；进度条到 100% 时说明数据处理完毕。

图 2-34　设置计算工具

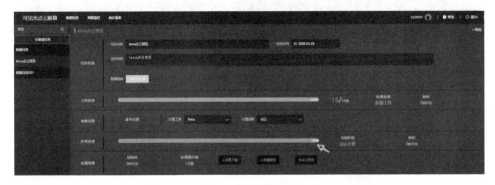

图 2-35　解算处理

电力无人机自动驾驶技术及应用

当处理及进度到达 100%后，可点击以下操作进行下载以及查看数据。

成果下载：点击如图 2-36 所示的【成果下载】按钮，导出成果压缩包文件报告。

图 2-36 成果下载、质量报告、点云预览、原始照片下载、去畸形照片下载界面

质量报告下载：点击如图 2-37 所示的【质量报告】按钮，Terra 目前只支持下载，Terra 的报告 md 格式可以用 txt、nodepad++等文本编辑软件查看。

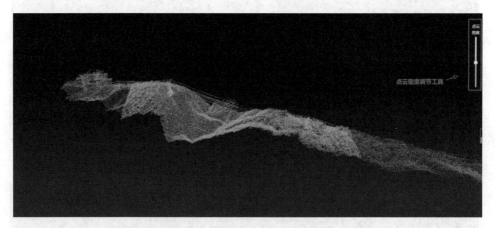

图 2-37 新页面打开的点云预览界面

点云预览：点击如图 2-36 所示的【点云预览】按钮，新页面打开在线预览点云效果如图 2-37 所示；点云密度默认中等显示，避免卡顿，可以根据计算机性能调节，点云密度调节工具拉到最高即可查看高清晰度的点云。

任务数据下载：如图 2-38 所示，点击【数据下载】按钮，单选或多勾选任务列表中的选框，点击【下载】按钮，完成数据下载操作。

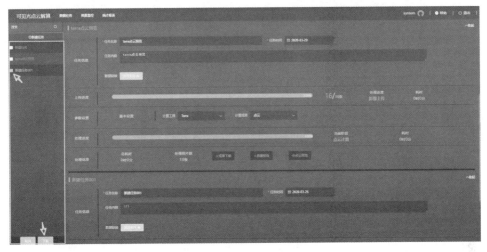

图 2-38　数据下载界面

2.5　自动巡检支撑平台与数据分析系统

多旋翼无人机基于自动巡检支撑平台实现自主巡检一整套流程，通过数据监测系统分析采集的数据，识别出输电线路设备本体缺陷和通道隐患。

2.5.1　自动巡检支撑平台

自动巡检支撑平台包含了主配网航线规划系统、存储系统和现场作业APP，用于支持无人机自动巡检作业。

南方电网基于 DJI Mobile SDK 开发的移动端控制应用软件智巡通 APP，用于现场自主作业环节，控制多旋翼无人机按既定航迹和作业策略来执行任务。

智巡通 APP 主要由系统设置、数据采集、任务管理、作业记录和飞行记录五大模块组成，如图 2-39 所示。

三维航线规划系统是基于输电线路通道和设备本体的高精度点云数据和线路杆塔坐标信息来统一规范无人机的飞行路径、拍摄

图 2-39　智巡通 APP

点位、拍摄角度、拍摄距离等信息的综合型系统。首先对原始点云数据切分杆塔，从整体点云数据中提取出杆塔点云，在杆塔点云中标记出拍摄目标，并与设备台账相关联，作为航线规划的基础，基于切分和标记情况，根据作业线路需求设置拍摄角度和拍摄距离，自动规划自动巡检航线。对规划好的航线做风险点检测，满足策略要求后，形成航线库，并根据系统根据任务内容预览三维航线，即在三维地图上展示作业航线、拍摄航点和杆塔点云，预览无误后可下发航线，如图2-40所示。

图2-40 自动巡检航线系统

三维航线规划系统主要分为主网三维航线规划和配电三维航线规划两个模块。针对不同的作业领域采用不同的设计逻辑。

主网三维航线规划基于线路点云数据和线路杆塔坐标信息，针对不同的电压等级、不同的杆塔类型，采用不同的拍摄逻辑，确定对应的拍摄点位、航点和拍摄距离。主网航线规划主要有新建航线、数据关联、标记杆塔、逻辑杆塔、标记拍摄点、航线编辑、航线浏览、风险点检测八大流程。

配网三维航线规划主要针对精细化巡检、通道巡检和红外巡检三种巡检方式，来设计具体的航线。精细化航线设计是在无人机航线规划系统上，先基于三维点云模型，程序化批量生成默认参数的航线，再依照实际拍照需求和安全距离调整个别杆塔航点航线的一种航线规划方法。通道巡检航线规划与自主精细化巡检方式相同。红外航线设计方法与上述两种巡检的航线设计方法类似，先批量生成航线，再对拍照进行调整，重点关注重过载线路设备和电气连接部位。

2.5.2 数据分析系统

自动巡检数据采集成后，还需对其数据进行处理。云计算平台利用多旋翼采集的可见光图片，采用专业测绘软件完成空中三角测量计算，获得精细三维模型数据；多旋翼无人机搭载红外镜头，根据运维需求规划红外航线，通过无人机自动巡检进行红外巡视，可发现部分红外缺陷；由精细化航线采集的影像数据，通过图像识别系统可识别销钉级别的缺陷，可发现大部分设备的外观缺陷。下面主要介绍自动巡检技术所需要用到的数据分析系统，包括图像识别系统、云计算平台和树障分析系统。

（一）图像识别系统

图像识别系统由样本库、图像标注和图像识别算法三大部分组成。

1. 样本库

针对输电设备各类缺陷，建立了机巡缺陷库和机巡零部件库，借助自动巡检技术采集的数据，不断扩大样本库和缺陷库规模，并依托于电力行业知识，细化同种不同类型设备的样本库，为图像识别技术奠定坚实的基础。

2. 图像标注

根据缺陷类型人工标注缺陷，建立丰富多样的机巡缺陷库。

3. 图像识别算法

针对不同类别的缺陷，采用不同类型的图像识别算法，优化网络层构架和参数，匹配出最合适该类缺陷的图像识别算法。

截至 2020 年年底，已发布 10 种缺陷识别算法，已识别测试照片超过 10 万张，绝缘子、鸟巢、防震锤等常规缺陷的识别率可达 90%，销钉、螺栓类缺陷识别率可达 80%，目前图像识别系统正在不断扩充和完善中，如图 2-41 所示。

（二）云计算平台

依托于测绘行业倾斜摄影算法，优化倾斜摄影数据采集模式和采集参数，借助于国内三维重建软件，搭建云计算平台，可实现多节点并行运算。

（三）树障分析系统

输电线路树障是威胁输电网安全运行的重要因素，不同树种生长周期不同，在一定时间内的树障风险也不同。树障和树种类别有着不可分割的关系，并不是所有树种都存在树障威胁，最大生长高度极高的树障才应该受到关注，因此识别树种成了树障风险预警的关键。

图 2-41　图像识别

　　单木树冠点云的高度、体积、密度、强度以及形貌指数能通过机载激光雷达快速获取，并全面表征树木的种类信息，该特征优于树冠光谱特征；利用单木的激光点云特征，建立单木种类识别模型，实现一键分类。基于建模得到的高精度点云数据，量测导线对植被的最小距离，可实现一键树障分析，根据不同树种的生长周期，给出树障预警，如图 2-42 所示。

图 2-42　树障分析

3 输电线路无人机自动巡检技术

自 2015 年以来，广东电网公司通过有人直升机、固定翼无人机和多旋翼无人机多机种协同作业的模式，基于激光雷达和倾斜摄影技术，完成了近 60 万 km 的输电线路无人机自动巡检，并将无人机自动巡检技术在全省范围内推广应用。广东电网公司经过多年来的技术沉淀，探索出一套可复制、可推广的输电线路无人机自动巡检方案。

3.1 术语和定义

（1）自动巡检模式：自动巡检模式有通道巡检、树障巡检和精细化巡检 3 种模式。

（2）实时动态载波相位差分（RTK）：RTK（Real-time kinematic，实时动态）载波相位差分技术，是实时处理两个测量站载波相位观测量的差分方法，将基准站采集的载波相位发给用户接收机，进行求差解算坐标。常用的 RTK 模式有两种，分别为单基站 RTK 与网络 RTK。

（3）KML 文件：KML（Keyhole Markup Language）是国际地理信息系统标准图层文件，利用 XML 语法格式描述地理空间数据（如点、线、面、多边形和模型等），适合网络环境下的地理信息协作与共享。

（4）激光雷达点云：LiDAR（Light Detection and Ranging）是激光探测及测距系统的简称，也称 Laser Radar 或 LADAR（Laser Detection and Ranging），激光雷达扫描获取的数据，即为激光雷达点云数据。

（5）地面基站：地面基站一般架设在已知点上，通过已知坐标反求各类误差影响，然后通过无线电传送这些误差给流动站，从而使流动站迅速获取误差校正，提高实时定位精度。

（6）WGS84 坐标系：一种国际上采用的地心坐标系，坐标原点为地球质心，其地心空间直角坐标系的 Z 轴指向 BIH（国际时间服务机构）1984.0 定义的协议地球极（CTP）方向，X 轴指向 BIH 1984.0 的零子午面和 CTP 赤道的

交点，Y 轴与 Z 轴、X 轴垂直构成右手坐标系，称为 1984 年世界大地坐标系统。

（7）UTM 投影坐标系：自动巡检航线所用点云数据坐标均采用 UTM 投影坐标系。UTM 投影全称为"通用横轴墨卡托投影"（Universal Transverse Mercator Projection），是一种"等角横轴割圆柱投影"，椭圆柱割地球于南纬 80°、北纬 84°两条等高圈，投影后两条相割的经线上没有变形，而中央经线上长度比为 0.9996。UTM 投影是为了全球战争需要创建的，美国于 1948 年完成这种通用投影系统的计算。与高斯−克吕格投影相似，该投影角度没有变形，中央经线为直线，且为投影的对称轴，中央经线的比例因子取 0.9996 是为了保证离中央经线左右约 180km 处有两条不失真的标准经线。

（8）全球导航卫星系统（GNSS）：全球导航卫星系统（Global Navigation Satellite System），也称为 GNSS，是能在地球表面或近地空间的任何地点为用户提供全天候的三维坐标和速度以及时间信息的空基无线电导航定位系统。下面一一介绍流程图关键技术及现场设备参数，如图 3−1 所示。

图 3−1 输电自动巡检技术流程图

3.2 自动巡检航线规划

自动巡检航线规划对无人机作业起着至关重要的作用，其中主要包括巡检点云数据的准备、点云精度验证以及航线设计与规划这三大部分。

3.2.1 数据准备

1. 线路路径数据

准备好线路的位置数据，包括每一基杆塔的地理坐标、线路路径、线路名称、杆塔名称和其他附加信息，使用 KML 文件把数据进行封装，可以用谷歌地球打开查看线路沿布情况。

2. 线路点云数据

准备好符合空间精度要求、分类标准要求的点云数据，包括整个线路通道的清晰点云，可以清晰分辨杆塔、主要杆塔部件、地线及每相导线，清楚展示杆塔周围环境（障碍物）、线路通道环境（障碍物）、交叉跨越情况等。

3. 作业任务数据

根据机巡作业管理系统的作业任务，明确好作业任务情况、人员安排情况、巡检目标情况、作业架次、作业范围等信息。

3.2.2　点云精度验证

对于已经有精度报告的线路点云数据，直接依据精度报告评价点云精度。

对于没有精度报告的线路点云数据，开展点云外业精度校验。点云精度偏差较大的，尝试对点云数据进行纠偏处理，并重新规划航线。

原则上必须经过严格校验、满足点云精度要求的点云数据才能作为航线设计的基础数据，否则会直接影响作业效果，甚至造成安全事故。

3.2.3　航线规划

航线规划流程如图 3-2 所示。

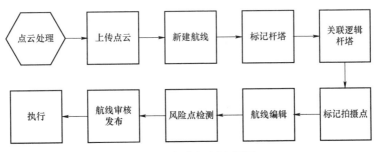

图 3-2　航线规划流程图

（一）通道巡检

多旋翼无人机自动巡检通道巡检要求无人机在杆塔及线路通道正上方巡视。航线将按照杆塔沿布图自动生成，飞行作业时进行连续定时拍照或摄影，要求拍摄的影像可以清晰呈现线路通道内的完整情况。航向重叠率要求在 30%以上，影像数据分辨率要求在 1920×1080 以上。

（二）树障巡检

树障巡检是利用多旋翼无人机自动巡检进行可见光树障分析数据采集的操作。航线根据杆塔分布情况进行设计，飞行位置在线路通道正上方偏左或偏右

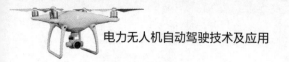

的位置，航向和旁向重叠率在 60%以上，以保证后期生成可见光点云的质量达到进行树障分析的要求。

（三）精细巡检

多旋翼无人机输电线路精细化巡检的作业标准是：杆塔设备，无人机围绕杆塔设备巡视飞行；线路通道上，无人机在线路正上方巡视飞行。多旋翼无人机与线路、杆塔的最小安全距离应大于 2m。要求使用可见光照相机、机载红外装置对线路和杆塔进行精细化巡视。

（四）巡检内容

多旋翼无人机巡检内容主要包括线路本体、附属设施、通道及电力保护区范围三大部分，巡检内容见表 B1，飞行中应重点关注。

（五）拍照对象及拍照顺序

（1）档中导地线拍照。

（2）按照定时拍照，完整拍摄线路两档中间线路通道，飞行速度宜 10～15m/s，拍照时间间隔 2s。

（3）杆塔设备拍照。

（4）悬停或缓慢通过杆塔时，沿飞行前进方向，按照先整体后局部、从上到下、从右往左、从前往后、从低电压端到高电压端、连续全覆盖的原则拍摄。拍摄要求及顺序见图 3-3。

（六）照片要求

作业人员应保证所拍摄照片对象覆盖完整、清晰度良好、亮度均匀。拍摄过程中，须尽量保证被拍摄主体处于相片中央位置，所占尺寸为相机取景框的60%以上，且处于清晰对焦状态，保证销钉级元件清晰可见。

条件允许时，拍摄完应立即回看拍摄照片质量，如有对焦不准、曝光不足或过曝等质量问题，应立即重新拍摄。

（七）航线设计

根据输电线路巡检作业标准，结合自动巡检相关技术规范制定了自动巡检航线设计标准，具体标准如下。

对于单回路直线杆塔，如图 3-3 和表 3-1 所示，航点 3、6、10 在 35～110kV 无需绘制，在 220～500kV 须保留，拍摄距离 5～6m。航点 4 有三个动作，分别拍摄线夹（平视）、塔基础（俯视）、线行通道（机头航向角朝大号侧，平视）。其他安全辅助点，根据实际塔型及零部件位置来调整。"V"串需增加两个挂点的拍摄，以及所有绝缘子整串的拍摄。如有避雷器悬挂，需增加避雷器首端、末端、整串三个航点。双回路、四回路拍摄逻辑基本与上述一致。

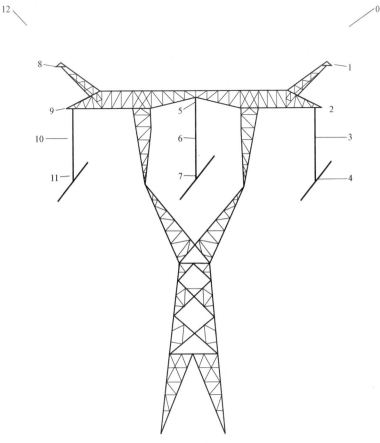

图 3-3　单回路直线杆塔

表 3-1　　　　　　　　　　拍 摄 角 度 统 计 表

编号	拍摄部位	无人机拍摄位置	拍摄角度
0	入塔辅助点	右侧塔身全景	30°～60°
1	右地线端挂点	高度与地线挂点平行，平视拍摄	0°
2	右相挂点	高度与挂点平行，正对拍摄	0°
3	右相整串	高度与绝缘子串中点平视	0°

续表

编号	拍摄部位	无人机拍摄位置	拍摄角度
4.1	右相线夹	高度与线夹平视，正对拍摄	0°
4.2	大号侧通道	塔身侧方位置朝大号侧沿导线方向拍摄	0°
4.3	塔基	塔身侧方位置俯视拍摄	90°
5	中相挂点	高度比挂点稍矮0.5m，平视或仰视	−10°～−3°
6	中相整串	高度与绝缘子串中点平视	0°
7	中相线夹	高度比挂点高1.5m，偏离导线0.5m俯视拍摄	10°～23°
8	左地线挂点	高度与地线挂点平行，平视拍摄	0°
9	左相挂点	高度与挂点平行，正对拍摄	0°
10	左相整串	高度与绝缘子串中点平视	0°
11	左相线夹	高度与线夹平视，正对拍摄	0°
12	出塔辅助点	左侧塔身	30°～60°

对于单回路耐张塔，如图3-4和表3-2所示，航点（3、7、10）、（12、15、18）、（21、25、28）为拍摄整串绝缘子航点，在35～110kV无需绘制，在220～500kV须保留，拍摄距离5～6m。跳线串航点（5、9、10）、（11、12、13）、（23、27、28）在35～110kV无需绘制，在220～500kV须保留，拍摄距离5～6m。此示意图同样适用于上字型塔、干字型塔等塔型。航点4有三个动作，分别拍摄线夹（平视）、塔基础（俯视）、线行通道（机头航向角朝大号侧，平视）。类似于（4、5、6）耐张塔挂点位置航点，如果是内转角，可以使用一个航点替代。其他安全辅助点，根据实际塔型及零部件位置来调整。

双回路、四回路拍摄逻辑基本与上述一致，不同点在于右侧最下面的航点，增加两个动作：朝基础1张，朝大号侧线路走廊1张，其余都是按照1个绝缘子串增加2个或者3个航点的规模增加，如图3-5所示。

挂点侧一般双串1个航点即可，如金具较为复杂，则应该在左右两侧再增加航点。线夹侧一般3个航点，如图3-5所示。线夹侧如果是V串，则去掉3号航点。

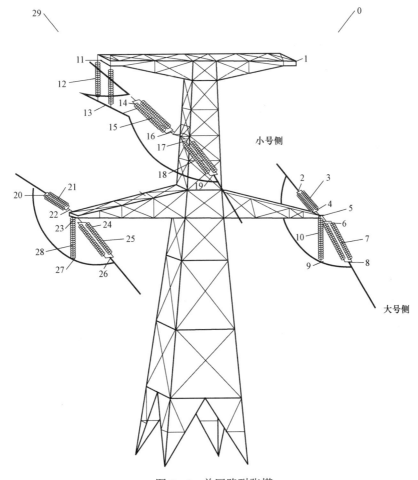

图 3-4 单回路耐张塔

表 3-2   拍摄角度示意统计表

编号	拍摄部位	无人机拍摄位置	拍摄角度
0	入塔辅助点	右侧塔身全景	30°~60°
1	右地线端挂点	高度与地线挂点平行，平视拍摄	0°
2	右相小号侧线夹	高度与挂点平行或仰视，正对拍摄	-10°~0°
3	右相小号整串	高度与绝缘子串中点平视	0°
4	右相小号挂点	高度与线夹平行或仰视，正对拍摄	-10°~0°
5	右侧跳线串挂点	平视或仰视	-10°~0°
6.1	右相大号挂点	平视或仰视	-10°~0°

续表

编号	拍摄部位	无人机拍摄位置	拍摄角度
6.2	通道	塔身侧方位置朝大号侧沿导线方向拍摄	0°
6.3	塔基	塔身侧方位置俯视拍摄	90°
7	右相大号整串	平视	0°
8	右相大号侧线夹	平视或仰视	−10°～0°
9	右侧跳线串线夹	平视	0°
10	右侧跳线串整串	平视	0°
11	左相地线挂点	高度与线夹平视，正对拍摄	0°
12	上相跳线整串	平视	0°
13	上相跳线线夹	平视	0°
14	上相小号侧线夹	高度与挂点平行或仰视，正对拍摄	−10°～0°
15	上相小号整串	高度与绝缘子串中点平视	0°
16	上相小号挂点	高度与线夹平行或仰视，正对拍摄	−10°～0°
17	上相大号侧线夹	高度与挂点平行或仰视，正对拍摄	−10°～0°
18	上相大号整串	高度与绝缘子串中点平视	0°
19	上相大号挂点	高度与线夹平行或仰视，正对拍摄	−10°～0°
20	左相小号侧线夹	高度与挂点平行或仰视，正对拍摄	−10°～0°
21	左相小号整串	高度与绝缘子串中点平视	0°
22	左相小号挂点	高度与线夹平行或仰视，正对拍摄	−10°～0°
23	左侧跳线串挂点	平视	0°
24	左相大号侧线夹	高度与挂点平行或仰视，正对拍摄	−10°～0°
25	左相大号整串	高度与绝缘子串中点平视	0°
26	左相大号挂点	高度与线夹平行或仰视，正对拍摄	−10°～0°
27	左侧跳线串线夹	平视	0°
28	左侧跳线整串	平视	0°
29	出塔辅助点	左侧塔身全景	30°～60°

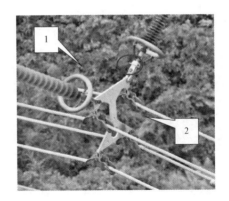

图 3−5　四/六分裂线直线塔航线规划要点

多回路四分裂 500kV 耐张串拍摄要点如图 3−6 所示。

挂点侧一般如图 3−7 所示，2 个航点，内外侧斜 45°拍摄。线夹侧一般如图 3−5 所示，3 个航点。

（1）地线挂点样张拍摄样张如图 3−7 所示。

（2）左右悬垂串样张如图 3−8 所示。

图 3−6　耐张串拍摄要点

图 3−7　地线悬挂点样张

(a)　　　　　　　　　　　　　　(b)

(c)

图 3-8　左右悬垂串样张

（3）酒杯塔、猫头塔中相悬垂串样张如图 3-9 所示。

(a)　　　　　　　　　　　　　　(b)

图 3-9　酒杯塔、猫头塔中相悬垂串样张（一）

(c)

图 3-9 酒杯塔、猫头塔中相悬垂串样张（二）

（4）耐张串样张如图 3-10 所示。

(a)

(b)

(c)

图 3-10 耐张串样张

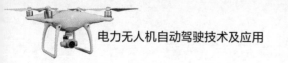

3.3 输电线路无人机自动巡检作业

自动巡检航线规划完成后，将规划路径下载至智巡通 APP 上，巡检人员携带无人机到达现场，根据作业需求可开展无人驾驶自动巡检任务。输电线路无人机自动巡检必须严格按照作业流程进行，在巡检前需先确定起降点以及对地面基站进行布设。巡检流程主要包括精细化巡视、通道巡视以及红外测温巡视。

3.3.1 起降点选取

多旋翼无人机自动巡检作业需要合适的起降点，保证无人机的作业安全和作业效率。起降点需要选择开阔地带，地面平整，半径 10m 内没有遮挡物，并保证遥控器和作业目标之间没有任何遮挡物。如果作业环境不理想，需要更换场地。

3.3.2 巡检飞行

（一）作业准备

安装好作业设备，检查设备状态，一切正常后可以开启起飞作业。起飞前需要通过平板查看作业线路、航线信息，明确安全提示。

（二）作业监视

每一条线路的首次飞行需要验证航线的准确性，通过对图传上飞机的实际位置与航线设计中飞机的位置进行对比，得知航线是否有偏差。如果偏差较大应立即终止任务，调整航线后再次展开作业。

作业中需要实时关注飞机状态，发现异常应立即终止任务，手动返航。如果飞行过程中信号卡顿严重，应适当调整遥控器和天线的高度、位置和朝向。如果问题得不到解决，应立即终止任务。

飞行作业宜配置两人，观察员与操控员。观察员负责观察飞机状况，操控员负责遥控操作，通过图传监视飞机任务执行情况。如果飞机的飞行位置和高度与设计的位置和高度出现影响安全作业的较大偏差，应立即终止任务。实际飞行中如果 RTK 信号连续丢失，应该立即终止任务。

3.3.3 自动巡检作业流程

（一）精细化自动巡视

点击  按钮可以将当前位置设置为降落点，如图 3-11 所示。

图 3-11　精细巡检

该功能有两种使用方式，如果作业员有任务线路可直接点击 ⊞ 导入任务进行作业，如果作业员未拿到分派任务需要登录领取任务后点击 ⊚ 导入领取的任务进行作业，如图 3-12 所示。

图 3-12　任务领取

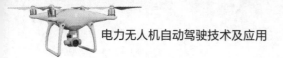

其中自动巡检作业流程主要分为方式一和方式二。方式一的具体的流程如下。

（1）选择航线文件，如图 3-13 所示。

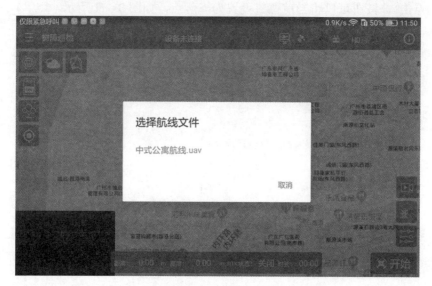

图 3-13　航线选择

（2）选择线路，如图 3-14 所示。

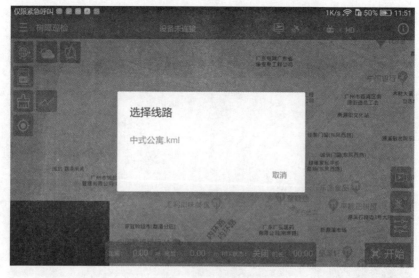

图 3-14　线路选择

（3）选择杆塔，如图 3-15 所示。

图 3-15 杆塔选择

方式二的具体作业流程主要包括选择任务、KML 文件导入、飞行参数设置、飞行参数实时显示、杆塔编辑功能，具体如下。

（1）选择任务。点击屏幕左上角 按钮查看已有任务，点击选择对应的任务导入系统，如图 3-16 所示。

图 3-16 任务选择

（2）KML 文件导入。精细巡视模式主要用于针对电力杆塔进行精细影像采集的任务，只需提供用户导入已有杆塔的 KML 文件形成巡视路线，再点击屏幕左上角按钮查看已有线路，点击选择线路的 KML 文件导入系统，如图 3-17 所示。

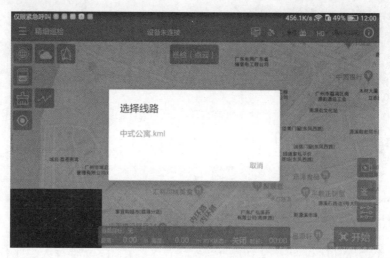

图 3-17　KML 文件导入

在巡检模式下导入杆塔线路 KML 文件，如图 3-17 所示。点击查看杆塔列表，选择本次任务需巡视的杆塔号，点击"确认"生成飞行路线，如图 3-18 和图 3-19 所示。

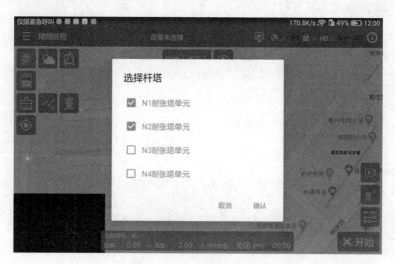

图 3-18　耐张塔单元选择

图 3-19 点云巡检

点击 👁 按钮查看具体的巡视步骤及无人机航飞参数。主要有经纬度、无人机飞行高度、航向、云台角度几个参数。巡检模式下不允许对巡视步骤进行修改，如图 3-20 所示。

图 3-20 精细巡检步骤

（3）飞行参数设置。点击 [icon] 按钮，进行飞行参数设置。可根据周边环境和实际需求对飞行各项参数进行调整。

精细巡视可在设置中切换学习模式和巡检模式，巡检模式下用户可根据周边环境和实际需求对航线高度进行调整。

精细巡视飞行设置项：

1）任务模式（学习模式/巡检模式）。

2）航线高度。

3）全自动起飞及降落。

系统具有一键起飞、无人机完全自主执行飞行任务、全自动降落功能，紧急情况下一键暂停任务及低电量自动返航等功能。

一键自动起飞：点击 [icon 开始] 按钮，系统开始自动检查飞行条件，如图3-21所示，完成飞行前安全检查后，滑动 [滑动开始飞行 »]，无人机自动起飞及执行任务。任务执行过程中，如遇到任何突发情况，可以点击屏幕右下角 [icon 暂停] 按钮一键暂停任务。

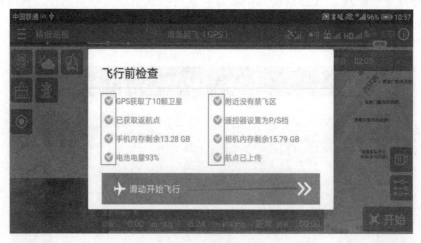

图3-21 系统检查飞行条件

（4）飞行参数实时显示。任务执行过程中，系统可实时显示无人机拍摄姿态、相机参数、拍摄视频或照片，航飞任务及常规的 GPS 信号强度、卫星数量、图传信号强度、遥控器信号强度、电量等参数，如图3-22所示。

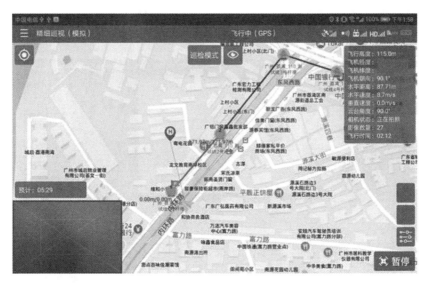

图 3-22 飞行参数实时显示

（5）杆塔编辑功能。点击屏幕右下角 按钮，可以编辑杆塔，如图 3-23 所示。

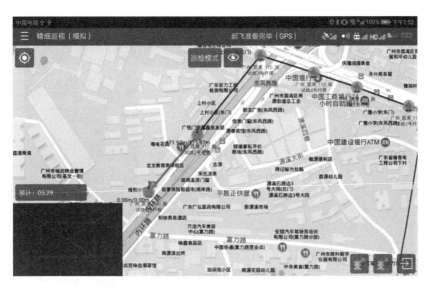

图 3-23 准备起飞界面

用户手动控制无人机，飞行至待修改杆塔位置，确定杆塔的位置并保存位置信息，同时支持保存多个杆塔，并将杆塔保存为 KML 文件。如图 3-24 所示，点击 按钮，确认杆塔编号，将当前无人机位置保存为新的杆塔。

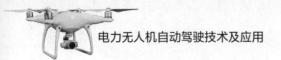

点击 ⊡ 按钮，退出编辑杆塔模式，如图 3-24 所示。

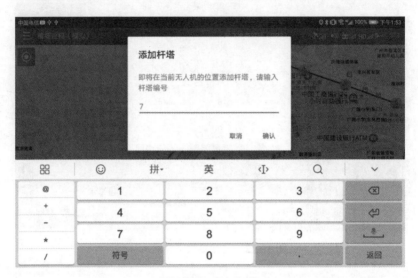

图 3-24 添加杆塔

点击 按钮，将当前无人机位置更新到已有的杆塔位置，如图 3-25 所示。

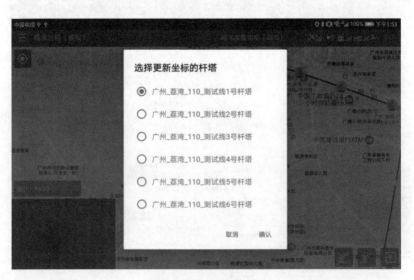

图 3-25 坐标更新

选择需要更新坐标的杆塔，点击"确认"，系统弹出确认提示框，用户需再次确认后，新的杆塔位置生效。

（二）通道自动巡视

点击 ⬇ 按钮可以将当前位置设置为降落点，如图 3-26 所示。

图 3-26　通道自动巡检

该功能有两种使用方式。如果作业员有任务线路可直接点击 ⬛ 导入任务进行作业；如果作业员未拿到分派任务，需要登录领取任务后点击 ⬛ 导入领取的任务进行作业，如图 3-27 所示。

图 3-27　导入任务作业

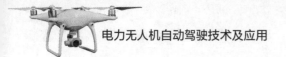

通道自动巡检作业流程主要有两种方式，方式一的步骤如下。

（1）选择航线文件，如图 3-28 所示。

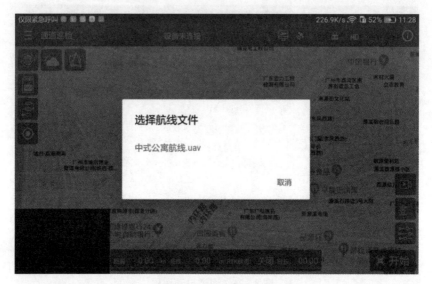

图 3-28　航线选择

（2）选择线路，如图 3-29 所示。

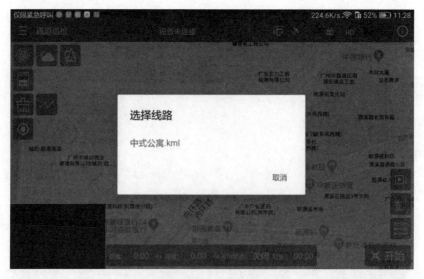

图 3-29　线路选择

（3）选择杆塔，如图 3-30 所示。

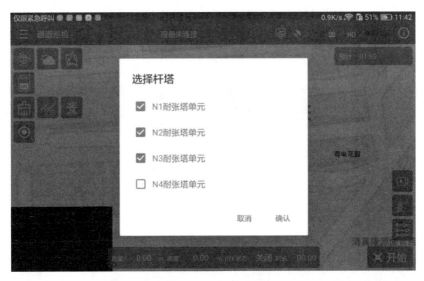

图 3-30　杆塔选择

方式二的作业流程包括任务的选择、**KML** 文件的导入、规划飞行路径、飞行参数设置、飞行参数实时显示、杆塔编辑，具体步骤如下。

（1）选择任务。点击屏幕左上角■按钮查看已有任务，点击选择对应的任务导入系统，如图 3-31 所示。

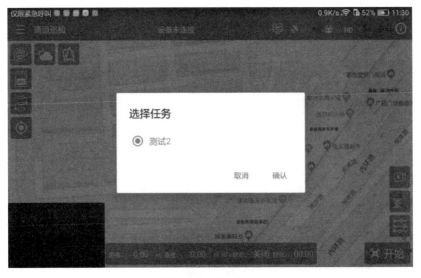

图 3-31　选择任务

（2）KML 文件导入。快速测绘主要用于基础测绘数据的快速获取，通道巡视模式主要针对电力杆塔线进行巡视任务，因此只提供用户导入已有杆塔的 KML 文件形成巡视路线，弹出屏幕左上角 按钮查看已有线路，点击选择线路的 KML 文件导入系统，如图 3−32 所示。

图 3−32　选择线路的 KML 文件导入系统

（3）规划飞行路径。导入线路后系统呈现线路如图 3−33 所示。

图 3−33　飞行路径规划

点击左上角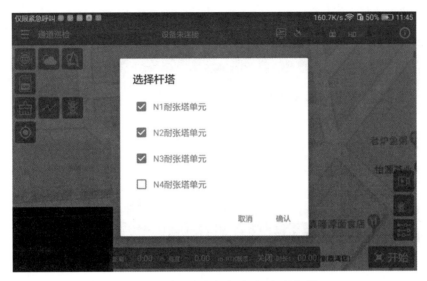按钮，选择本次任务需要巡视的杆塔。如图 3-34 所示，点击【确认】按钮，自动生成任务巡视路线。

图 3-34 选择本次任务需要巡视的杆塔

（4）飞行参数设置。点击 按钮，进行飞行参数设置。可根据周边环境和实际需求对飞行各项参数进行调整。系统根据用户置的参数值计算出拍摄影像的分辨率。

选择需要巡视的杆塔后，可对不同杆塔设置可变航高，根据任务区域范围、地形起伏、影像分辨率、相机型号、重叠度要求等航摄参数，基于高程数据自动生成适应不同地形的最佳任务航线。

通道巡视飞行设置项：

1）任务模式（视频拍摄/定时拍照）。

2）起降航高。

3）起点海拔。

4）飞行速度。

5）机头朝向。

（5）全自动起飞及降落。系统具有一键起飞、无人机完全自主执行飞行任务、全自动降落功能，紧急情况下一键暂停任务及低电量自动返航等功能。

一键自动起飞：点击 按钮，系统开始自动检查飞行条件，如图 3-35

所示。完成飞行前安全检查后，滑动 ![滑动开始飞行 >>]，无人机自动起飞及执行任务。任务执行过程中，遇到任何突发情况，可以点击屏幕右下角 ![暂停] 按钮一键暂停任务。

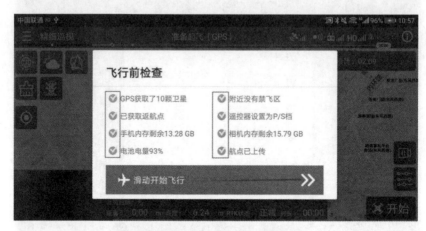

图 3-35　系统检查飞行条件

（6）飞行参数实时显示。任务执行过程中，系统可实时显示无人机拍摄姿态、相机参数、拍摄视频或照片，航飞任务及常规的 GPS 信号强度、卫星数量、图传信号强度、遥控器信号强度、电量等参数，如图 3-36 所示。

图 3-36　实时参数显示

（7）杆塔编辑功能。点击屏幕右下角▓按钮，可以编辑杆塔，如图 3−37 所示。

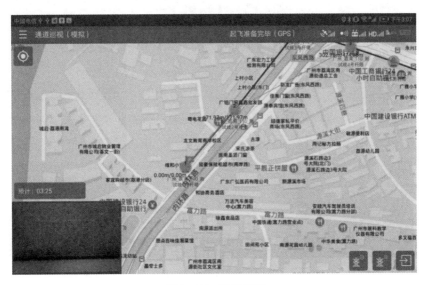

图 3−37 编辑杆塔

用户手动控制无人机，飞行至待修改杆塔位置，确定杆塔的位置并保存位置信息，同时支持保存多个杆塔，并将杆塔保存为 KML 文件。如图 3−38 所示，点击▓按钮，确认杆塔编号，将当前无人机位置保存为新的杆塔。

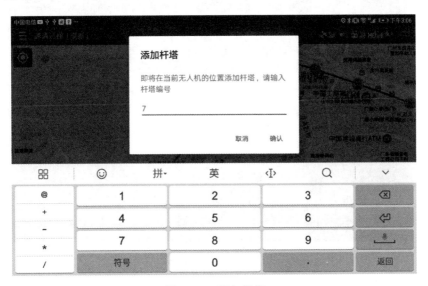

图 3−38 添加杆塔

点击 按钮，将当前无人机位置更新到已有的杆塔位置，如图3-39所示。

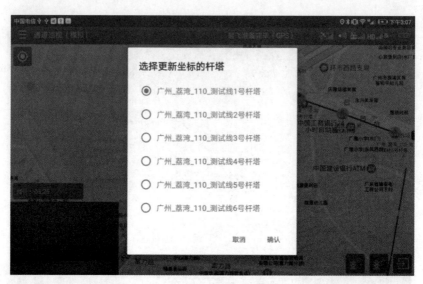

图3-39　杆塔位置更新

选择需要更新坐标的杆塔，点击"确认"，系统弹出确认提示框，用户需再次确认后，新的杆塔位置生效，如图3-40所示。

图3-40　杆塔确认提示

（三）红外自动巡视

点击 ⬛ 按钮可以将当前位置设置为降落点，如图 3-41 所示。

图 3-41　降落点设置

点击 ⬛ 按钮选择航线文件，如图 3-42 和图 3-43 所示。

图 3-42　选择航线文件

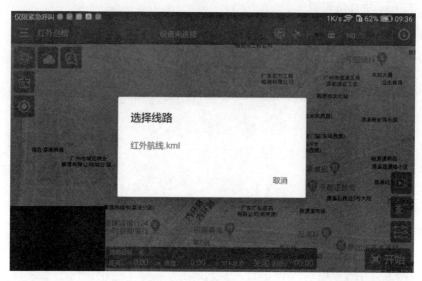

图 3-43　加载并选择航线

点击❀按钮选择杆塔，如图 3-44 所示。

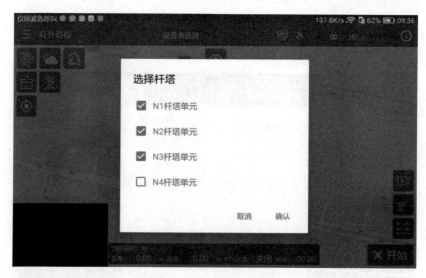

图 3-44　杆塔单元选择

点击◉可查看精细巡检步骤，点击小箭头可查看不通的杆塔。

点击右下角按钮设置线路模式、起降高程、起点高度，如图 3-45 所示。

点击⑦有线路模式、起降高程、起点高度的详细说明，如图 3-46 所示。

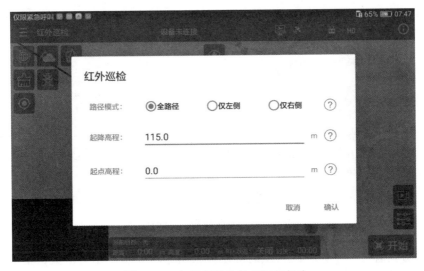

图 3-45　起降高度及起点高度查看

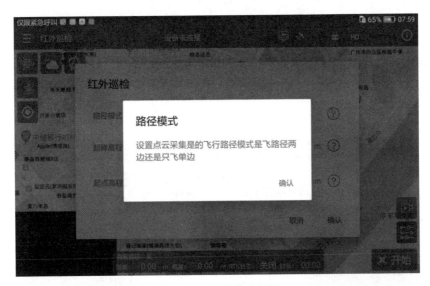

图 3-46　路径模式设置

　　系统具有一键起飞、无人机完全自主执行飞行任务、全自动降落功能，紧急情况下一键暂停任务及低电量自动返航等功能。

　　一键自动起飞：点击 ✕开始 按钮，系统开始自动检查飞行条件，如图 3-47 所示，完成飞行前安全检查后，滑动 →滑动开始飞行　　 ≫ ，无人机开始自动起飞及执行任务。任务执行过程中，遇到任何突发情况，可以点击屏幕右下角 ✕暂停 按钮一键暂停任务。

图 3-47　系统检查飞行条件

任务执行过程中，系统可实时显示无人机拍摄姿态、相机参数、拍摄的视频或照片，航飞任务及常规的 GPS 信号强度、卫星数量、图传信号强度、遥控器信号强度、电量等参数。

点击右下角 按钮会弹出提示，选择"立即开始录屏"。当飞行任务结束时再点一次右下角的按钮关掉录屏功能并自动保存在作业平板内存中。

点击右下角的 按钮跳转到杆塔采集页面，点击 按钮导入航线，如图 3-48 所示。

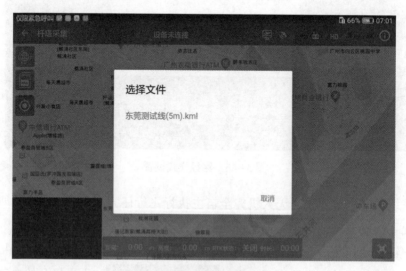

图 3-48　杆塔线路采集

将无人机飞至塔顶正上方，点击 按钮进行拍照并记录杆塔坐标信息，如

图 3-49 所示。

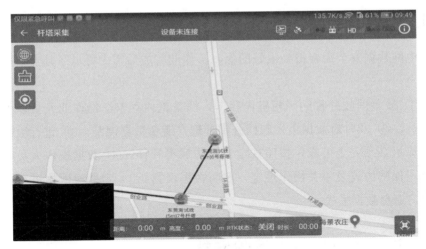

图 3-49　杆塔坐标信息记录

3.3.4　数据质量检查

作业完成后应在现场对作业质量进行检查，看有无拍漏、拍错或质量不佳的照片，如果存在不满足作业要求的照片需要重新执行任务。

3.4　巡检数据管理

巡检采集的数据解算完毕后，为了日后能及时地对数据信息进行维护以及防止数据泄露，需要对巡检数据进行管理。

3.4.1　数据整理

通道巡检数据应按照作业日期→线路名称→杆塔编号逐级进行影像数据归档，照片数据需要使用专业处理软件进行通道全景影像拼接，并对拼接好的图像进行保存。

树障巡检数据应按照作业日期→线路名称→杆塔编号逐级进行数据归档，归档完成后使用专业软件处理照片生成可见光点云数据，并进行保存，方便之后进行树障分析。

精细巡检数据应按照作业日期→线路名称→杆塔编号→杆塔部件名称逐级

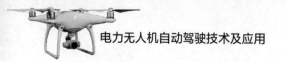

进行数据归档，方便日后查阅和使用。

3.4.2 数据安全

电网数据安全需要得到很好的保障，作业完成后需做好以下几点，确保数据安全：

① 妥善回收并收纳好相机内存卡，严禁把内存卡交给作业人员以外的无关人员。② 及时对数据进行归档分类处理，避免数据混乱。③ 进行数据处理的计算机必须安全可靠，按照规定安装防病毒软件。④ 数据操作人员必须遵守公司保密协议及相关操作规定，严防数据泄露。⑤ 定期对数据进行查看和备份，避免数据丢失。

3.5　巡检数据软硬件参数推荐

输电线路无人机自动巡检需要对软硬件提出很高的要求，表3-3、表3-4为广东电网公司通过近几年摸索实践总结的软硬件参数，供读者参考。

表3-3　　　　　　　　　巡 检 方 式 与 数 据 量

巡检方式	巡检里程（km/年）	单位数据容量（GB/km）
直升机精巡	25 000	15
激光雷达通道	19 000	8
固定翼激光雷达	12 000	8
固定翼倾斜摄影	30 000	6
自动巡检精巡	20 000	1
自动巡检通道	34 000	6

表3-4　　　　　　　　　　服 务 器 要 求

配置名称	配置规格	数量
点云解算集群服务器	2颗处理器；主频3.80GHz；每颗CPU内核数为4；配置256G DDR4频率为2933MT/s内存；配置1块阵列卡，缓存2G，支持RAID0、RAID1、RAID5、RAID6、RAID10、RAID50、RAID60等，支持掉电保护功能；配置2×480GB 2.5英寸SSD硬盘；配置2×2.4TB 2.5英寸（10K，12Gb/s）SaS硬盘；配置1口千兆带外管理网卡；配置1块双端口千兆电口网卡；配置1块双端口万兆光纤网卡（含光模块）；配置1块NV Telsa-T4 PCIe 16GB显卡；机箱外形为2U标准机架，配置2个550W白金电源、4个热插拔风扇模块，含机架安装套件，带安装导轨、电源线；含5年维保	39

小 结

　　输电线路无人机自动巡检的技术路径主要包括数据采集、数据解算、航线规划、巡检作业等环节。通过激光雷达、倾斜摄影采集通道数据，并经过数据解算获得点云模型，进行航线规划，基于规划好的航线进行巡检作业。巡检完成后，需进行数据管理，保障数据安全。

4　配电线路无人机自动巡检技术

近年来，架空配网线路数量增长迅猛，存在设备类型多、高度低、体积小、通道复杂且变化快、人工难以发现视角外缺陷、重要保供电任务多等困难，传统人工巡检往往疲于应付。

机巡自动巡检技术在配电网杆塔坐标更精准、线路巡视效率提高、巡视质量提升、基层配网线路缺陷"两张皮"破局、全省配网线路综合停电计划更加受控等方面已经初步显示了巨大潜力。随着倾斜摄影技术的发展，配网线路的自动巡检航线规划效率也得到了提升。其航线规划技术广泛应用于广东省多地电网供电局，已形成了一套低成本、可复制的配网无人机自动巡检方案。本章将介绍配网无人机的自动巡检作业前要求、作业流程、巡检内容以及最终的数据归档等内容。

为了提高全省供电可靠性，强力支撑广东电网"2021 年全国最好"发展目标，广东电网公司于 2020 年 6 月 30 日前完成 20 万 km 的 10kV 配网架空线路的自动驾驶航线规划，将于 2021 年底率先实现全国首个省级电网非禁飞区10kV 架空线路机巡自动巡检全覆盖。

4.1　术语和定义

1. 机巡作业

指利用无人机搭载可见光、红外、紫外、激光雷达等检测设备，完成架空配电线路及设备作业任务，现阶段主要包括：新建线路路径规划、现场施工安全督查、工程竣工验收、线路测量、红外测温、日常巡视、特殊区段及应急巡视、监察性巡视及评估本体健康度等。

2. 机巡作业模式

指开展机巡作业收集数据的方法，主要分为手动巡检和自动巡检两种方法。

3. 手动巡检

指通过人工手动操作遥控器控制无人机实现飞行、拍照、录像等功能的巡检方法。

4. 自动巡检

由飞行控制系统按照预先规划的航线自动控制无人机执行巡检任务的作业模式，包括精细化巡检、通道巡检、树障巡检等方式。

5. 机巡作业数据

指开展机巡作业通过拍照、录像等方式获取的线路设备的图片和视频数据。机巡作业数据主要来源于点云采集和各类巡视。

6. 机巡作业人员

指负责具体开展无人机作业的作业人员，包括机巡作业部和各供电局机巡作业班人员。

7. 机巡数据整理

对作业数据进行分类归档处理，对作业结果进行分析总结和飞行质量评估。

8. 机巡数据分析

（1）数据分析。依据配电设备缺陷定级标准和缺陷标准库开展具体设备缺陷、隐患分析。

（2）定期分析。对数据分析工作按周、月度、季度、年度进行统计、归纳、总结等工作。

（3）专题分析。根据有关专项报告、灾害应急等特殊情况，针对重点配设备的机巡数据进行分析总结。

9. 航线

无人机飞行的路线称为空中交通航线，简称航线。航线不仅确定了飞机飞行的具体方向、起点和经停点，而且还根据安全距离的需求，规定了航线的宽度、飞行高度和飞行速度，以保证无人机飞行安全。

10. 无人机自动巡检模式

无人机自动巡检航线根据巡视需求和目的，分为精细化巡检、通道巡检和红外巡检。

11. 精细化巡检

利用无人机精细巡检，通过定点拍照对导线、绝缘子、杆塔、金具、瓷

担、变压器、开关、避雷器、隔离刀闸、跌落式熔断器等地面不易巡查的线路设备进行精细化检查，提高日常巡视效率和质量。

12. 通道巡检

利用无人机开展线行通道巡视，通过定时拍照或录像可以快速判断线路断线、树障、飘挂物等明显缺陷，或通过采集通道数据处理软件计算出建筑物、构建物、树障、交叉跨越与导线的安全距离，实现对架空线路安全隐患的准确掌握。

13. 红外巡检

适用于日常巡视、特殊巡视、监察性巡视等作业任务。与被测设备保持在 3m 以上的安全距离，使用红外无人机对被测设备进行悬停检查，对发热部位和重点检测设备进行准确测温拍照。

14. 无人机航线安全要求

无人机自动巡检航线设计应根据作业需求、现场实际环境、安全距离、误差裕度、电力安全规程、航空管制等因素合理设计，确保飞行合法、安全。

15. 模拟激光点云

由倾斜摄影路径拍摄的照片通过处理合成的点云数据。

16. 倾斜摄影

通过一个垂直、四个倾斜、五个不同的视角同步采集影像，获取丰富的架空配网线路顶面及侧视的高分辨率纹理。

17. 点云采集

无人机在配网线路上方通过特定飞行方法，采集线行环境照片。

18. 点云分类

将点云内部的激光点按对应语义类型识别与分组，并标记类别编号。

19. 点云密度

水平面单位面积的激光点数量，单位为点每平方米（点/m²）。

20. 三维模型

通过点云数据，将配网架空线路用多边形表示。

4.2 航线规划

航线规划主要针对精细化巡检、通道巡检和红外巡检三种巡检方式。

4.2.1 精细化巡检航线规划

精细化航线设计是基于三维航线规划系统，在无人机航线规划系统上以三维点云模型为基础，程序化批量生成默认参数航线，再依照实际拍照需求和安全距离调整个别杆塔航点航线的一种航线规划方法。其中，程序化批量生成航线默认参数见表 4-1。

表 4-1   程序化批量生成航线

距离塔顶垂直高度	4m
云台角度	45°
绕塔顶拍照张数	4
塔顶拍照逻辑顺序	由上至下俯视方向逆时针四个角度对准杆塔顶拍照，依次为小号侧→右侧→左侧→大号侧
适用范围	现阶段批量生成航线标准主要适用于水泥单杆

图 4-1 所示为三维航线规划系统批量化生成航线效果图。

图 4-1 批量化生成三维航线

批量化生成航线之后，需要对个别杆塔航线进行调整，调整的内容主要为杆塔及柱上设备。杆塔和柱上设备调整情况见表 4-2。

表 4-2　　　　　　　　　　精细化巡检航线规划

序号	拍摄分类	拍摄对象	距离塔顶垂直高度（m）	云台角度（°）	逻辑顺序	拍摄数量	备注
1	水泥杆	杆顶绝缘子、金具、跳线	4	45	逆时针	4张	
		线行通道		30	沿线行飞行方向	若干	每秒一张
2	铁塔	塔顶绝缘子、金具、跳线	4	65~70	逆时针	4张	
		线行通道		30	沿线行飞行方向	若干	每秒一张
3	柱上设备	柱上开关	1~2	60~70	设备侧	1张	
		刀闸、跌落式熔断器、避雷器			设备侧	1张	
		台架			台架两侧	2张	

注　可结合现场实际增加拍摄数量；若能将所需拍摄的内容全部涵盖并清晰，也可以适当减少拍照数量。

对航线进行编辑和拍照点的选取如图 4-2 所示。

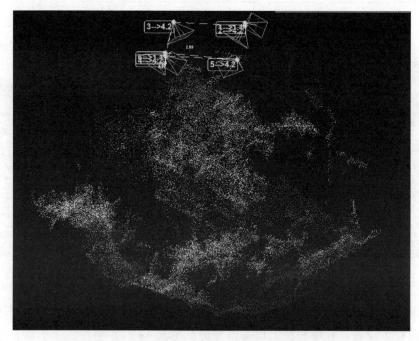

图 4-2　航线编辑及杆塔、柱上设备拍照点调整

为了无人机在自动巡检过程中安全稳定地巡检线路，可靠地采集可见光、红外等照片数据，在三维航线规划系统上进行航线设计时，应遵从以下原则：

（1）保持安全距离。设计航线与临近建筑物、树障、交叉跨越电力设备等障碍物应保持 3m 及以上安全距离。批量生成精细化航线后通过航线系统风险检测模块检测航线风险点，当精细化航线与临近障碍物点云安全距离小于 3m 时，通过适当调节航线航点高度、航点位置、增加辅助航点、减少拍照航点等方法保证航线安全。

（2）规避交叉跨越。无人机不应穿越导线，应始终保持在导线上方飞行，如遇巡视线路上方有交叉跨越线路且线间距离不满足安全飞行时，航线应从巡视线路旁边或交叉线路上方通过。

（3）保证质量要求。保证安全飞行前提下，要求拍照对象尽量处于屏幕中央，满足安全距离条件下拍照距离不宜过远，并清晰对焦。

4.2.2　通道巡检航线规划

与自主精细化巡检方式相同，在无人机航线规划系统上先基于三维点云模型，程序化批量生成默认参数航线，再依照实际拍照需求和安全距离调整个别杆塔航点航线。其中，程序化批量生成航线默认参数如表 4-3 所示。

表 4-3　　　　　　　　　　批量生产航线默认参数

距离塔顶垂直高度	5～100m（飞行前可通过智巡通设置）
云台角度	90°
逻辑顺序	沿线行方向录像或拍照，经过每一个杆塔顶时停顿，同时云台角度自动调整为 90°对准杆塔顶录像或拍照，然后恢复默认角度继续沿线行方向飞行，直至终点
往返设计	精灵 P4R 等高精度 RTK 飞机

配网无人机的通道巡检应遵从以下航线设计原则：

（1）保持安全距离。航线与临近建筑物、树障、交叉跨越电力设备等障碍物应保持 3m 及以上安全距离。生成 kml 文件后通过航线系统模拟通道航线高度 5～100m，同时设置风险点检测安全距离为 3m，当通道航线

与临近障碍物点云安全距离小于 3m 时，通过适当调节航线高度保证航线安全。

为了保证安全，在飞跃交叉跨越线路时，无人机应始终保持在导线上方飞行，尤其不能穿越导线。当无人机飞行时，遇见航线上方出现交叉跨越线路，并且线间距离不满足安全飞行时，航线应设计在巡视线路旁边或交叉线路上方。

（2）保证质量要求。在保证安全飞行前提下，能清晰查看线行沿线及两边通道情况。

4.2.3　红外巡检航线规划

红外航线设计方法与通道航线设计方法类似，先批量生成航线，再对拍照进行调整。重点关注重过载线路设备和电气连接部位。其中，程序化批量生成航线默认参数见表4－4。

表4－4　批量生成默认参数

序号	拍摄分类	拍摄对象	距离塔顶垂直高度（m）	云台角度（°）	逻辑顺序	拍摄数量	备注
1	线行	线行环境、杆塔顶部	3.5～5	0～90	沿线行方向，杆塔顶停顿云台角度0°拍照	1张	

红外巡检航线规划的参数见表4－5。红外测温应根据以下航线设计原则。

（1）保持安全距离。设计航线与临近建筑物、树障、交叉跨越电力设备等障碍物应保持 3m 及以上安全距离。通过航线系统模拟红外巡检航线高度3.5～5m，同时设置风险点检测安全距离为 3m，当通道航线与临近障碍物点云安全距离小于3m时，通过适当调节航线高度保证航线安全。

（2）规避交叉跨越。无人机不应穿越导线，应始终保持在导线上方飞行，如遇巡视线路上方有交叉跨越线路且线间距离不满足安全飞行时，航线设计应从巡视线路旁边或交叉线路上方通过。

（3）保证质量要求。在保证安全飞行前提下，要求拍照对象尽量处于屏幕中央，满足安全距离条件下拍照距离不宜过远，并清晰对焦。

表 4-5 红外巡检航线规划

距离塔顶垂直高度	3~5m（智巡通参数设置）
云台角度	0°~90°（飞行过程中可通过飞行遥控器随时调整角度）
逻辑顺序	沿线行方向飞行，经过每一个杆塔顶时停顿，同时云台角度自动调整为 90°对准杆塔顶拍照，然后恢复默认角度继续沿线行方向飞行，直至终点

4.3 配电无人机自动巡检内容

无人机自动巡检航线根据巡视需求和目的，分为精细化巡检、通道巡检和红外巡检。

4.3.1 精细化巡检内容

精细巡检内容应覆盖线路本体设备及附属设施，清晰无遗漏。必要时，可重复多角度获取单个巡检对象信息。具体精细巡检对象、内容要求及任务设备见表 4-6。

表 4-6 配网精细化拍摄要求

拍摄顺序	拍摄分类	拍摄对象	拍摄数量	备注
1	整体	杆塔整体全景照片（含杆塔的整体、绝缘子、基础等）	1 张	
2		线路线行通道	2 张	大、小号侧各拍 1 张
3		安健环（含杆塔号、警示牌、台区及开关编号等）	1 张	如无人机无法下降高度则放弃拍摄，但应做好登记，以免记错杆塔号
4	重点部件	俯视塔顶（含挂点、金具、绝缘子、跳线）	1 张	需能看清销子级缺陷、雷击点
5		横担及导线、绝缘子、金具，台变、开关、避雷器等	4 张	分前、后、左、右四个方位拍摄，需能看清销子级缺陷
6		拉线	各 1 张	每个拉线基础各拍 1 张
7		杆塔基础	1 张	前面图片能包含则免
8		自动化终端	1 张	

拍摄要求：拍摄过程中应保证所拍摄的对象无遗漏、清晰度良好、亮度均匀。被拍摄主体处于相片中央位置，所占尺寸为相机取景框的 60% 以上，并且处于清晰对焦状态，保证销钉级元件清晰可见。

拍摄照片检查：拍摄完应对所拍摄照片进行检查，如有对焦不准、曝光不足等质量问题或漏拍的情况，应补充拍摄。

下面通过实例来介绍精细化巡检的内容。

【实例一】

2019 年某供电局巡检作业自主开展通道精细化巡检，无人机巡检需覆盖 2200km 架空线路，27 941 基杆塔。从 2019 年 4 月开始，集中全局 43 名机手分 18 组 2 批次，用了 2 个月时间完成数据采集、2 个月时间完成航线规划及校验、2 个月时间完成全局架空线路的自动巡检。工作分 4 个阶段开展，如图 4-3 所示。

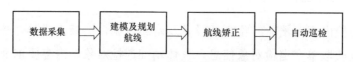

图 4-3　通道精细化巡检流程图

通过航线规划，可见光、红外成像、激光雷达精准发现设备的缺陷、树障。监控线路周边环境的变化，及时制止违规施工、风筝等外力破坏。该局通过自动巡检的结果数据已识别出各类缺陷 770 项，如图 4-4 所示。

图 4-4　某局自主精细化巡视采集数据结果

【实例二】

2019 年某供电局巡检作业自主开展通道精细化巡检，对 242 条公用中压线路开展无人机监察性巡视，共发现了 4387 个缺陷，当前已处理缺陷 299 个。同时制定了监察性巡视缺陷的处理机制。此外，各区供电局不定期开展消缺情况抽查，并通报抽查情况，监督消缺质量，实现整改闭环。图 4-5 所示为监察性巡视情况案例。

(a)   (b)

图 4-5　监察性巡视缺陷

（a）避雷器爆裂；（b）避雷器引线断落

4.3.2　通道巡检内容

配网通道巡检可对线路通道、周边环境、沿线交跨、施工作业等情况进行巡查，根据巡检任务获取通道图像或三维信息。具体通道巡检对象、内容要求及任务设备见表 4-7。

采用可见光相机/摄像机开展通道巡检任务，可连续定时拍照或摄影，拍摄影像应能够清晰呈现线路通道内的完整情况，航向重叠率宜大于或等于 50%。

采用可见光相机/摄像机或激光扫描仪进行通道三维建模，应在线路通道正上方偏左或偏右的位置布置航线，航向和旁向重叠率宜大于或等于 60%。

表 4-7　　　　　　　　配 网 通 道 巡 检 内 容

巡检对象		巡检内容要求	巡检任务设备
通道及电力保护区	建（构）筑物	能反映线路与巡检对象之间的空间关系	可见光相机/摄像机、激光扫描仪
	树木（竹林）		
	交叉跨越变化		
	采动影响区	能全面展现范围、大小、损毁程度以及对线路的影响	
	防洪、排水、基础保护设施		
	自然灾害		
	道路、桥梁		

巡检对象		巡检内容要求	巡检任务设备
通道及电力保护区	施工作业	全面反映范围、大小、严重程度	可见光相机/摄像机
	污染源		
	火灾	能获取线路附近火源图像/温度/放电等信息	可见光相机/摄像机、红外热像仪、紫外成像仪
	其他	获取线路附近放风筝、有危及线路安全的漂浮物、采石（开矿）、射击打靶、藤蔓类植物攀附杆塔等信息	可见光相机/摄像机

【实例】

2019 年某供电局某杆塔段通道内砍除杂树如图 4-6 和图 4-7 所示，消除通道内安全距离不足的隐患。之后某中心用通道巡视来验证砍除的杂树面积是否满足生产要求。

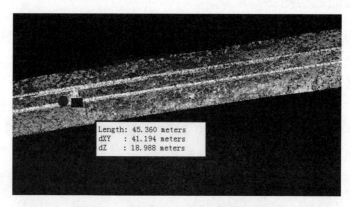

图 4-6 某杆塔段内通道砍树宽度验证

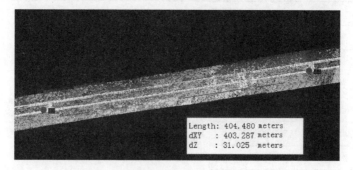

图 4-7 某杆塔段内通道砍树长度验证

4.3.3 红外巡检内容

适用于日常巡视、监察性巡视等作业任务。红外无人机与被测设备保持在 3m 以上的安全距离，对被测设备进行悬停检查，根据被测设备的大致温度范围调节最高温最低温来缩小温度区间，达到凸显发热区域的效果。操作时应对所有应测部位进行全面扫描，对发热部位和重点检测设备进行准确测温，要求获取图像清晰明了，并多角度拍照确认，对获取的数据进行分析，具体要求见表 4-8。

表 4-8　　　　　　　　　　红 外 巡 视 要 求

序号	素材	细节要求
1	刀闸静触头	清晰看到刀闸静触头温度是否异常
2	刀闸动触头	清晰看到刀闸动触头温度是否异常
3	设备线夹	清晰看到设备线夹温度是否异常

4.4　配电无人机自动巡检作业数据处理及归档

根据配网无人机搭载任务设备类型，结合作业应用场景，配网无人机作业数据可分为可见光数据、红外数据和激光雷达数据。

目前，对于无人机巡检作业采集的海量数据，尚无可实用化的数据智能处理技术，多凭人眼查看、凭经验判断巡检缺陷或隐患，数据处理存在工作量大、效率低、智能化水平低等问题。

因此，针对不同类型作业数据特征，有组建大数据作业影像库和缺陷样本数据库的必要，与此同时搭建配网作业数据人工智能处理应用平台，实现对作业数据分类存储、规范化闭环管理也十分重要。

4.4.1 数据处理流程

无人机搭载可见光相机对配电网设备和通道环境进行巡视检查，获取配网设备可见光巡检图片或视频数据。在巡检作业完成后，作业人员应及时导出巡检作业数据，进行批量重命名，使作业数据与巡检电力设备信息相对应；数据

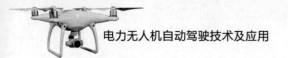

重命名后，采用专业软件对巡检影像进行标注，组建巡检影像库和缺陷样本库；研发配网无人机作业数据智能处理算法，搭建数据处理应用平台，进行巡检缺陷或隐患智能识别，根据发现的缺陷或隐患指导现场消缺检修工作，实现对作业数据的闭环管理。

4.4.2　数据存放及更新的基本要求

机巡作业班组在现场巡检作业后 1d 内应以 FTP 远传等方式向机巡中心提交机巡数据。数据应满足完整性、准确性、条理性、规范性和及时性，分类命名的规范如图 4-8 所示。机巡数据的五种特性解释如下：

（1）完整性：数据应完整有效无缺失。

（2）准确性：数据应与数据采集来源、设备双重编号一致，并符合数据采集技术规范。

（3）条理性：数据存放依据巡视模式、巡视日期、巡视线路等逻辑合理分类。

（4）规范性：数据命名应规范严谨。

（5）及时性：线路设备现场发生异动时，应及时更新，确保图实一致性。

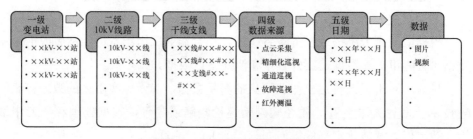

图 4-8　机巡数据分类命名规范

为了及时有效地利用机巡数据，数据的存放除了有相应的基本要求外，其更新及保存时限也有相应的要求，机巡数据更新要求主要有以下两个方面：

（1）定期更新：机巡数据更新与机巡作业计划紧密联系，定期巡检、定期更新数据。

（2）异动更新：基建技改消缺工程发生设备异动时，在电子化移交流程闭环后 7 个工作日内完成新设备点云采集工作，上传至机巡数据处理部门重新建模和航线规划并进行航线验证。

此外，数据还要拥有相应的时限要求：机巡数据保存期限建议 3 年及以上，有助于分析缺陷变化、环境变化等规律，制定改进相应运行措施，提高运行质量。

4.4.3 可见光数据管理

为实现对作业数据闭环管理，机巡中心制订了一套标准化数据处理作业流程，具体步骤如下。

由无人机搭载可见光相机对配电网设备和通道环境进行巡视检查，获取配网设备可见光巡检图片或视频数据；作业人员导出巡检作业数据，进行批量重命名，作业数据的命名应与巡检电力设备信息相对应；对重命名后的数据进行标注，组建巡检影像库和缺陷样本库，使用配网无人机作业数据智能处理算法，搭建数据处理应用平台，进行巡检缺陷或隐患智能识别，根据发现的缺陷或隐患指导现场消缺检修工作。

为开展无人机巡检影像人工智能识别的算法训练，需对巡检设备拍摄的图像或视频中的所有目标设备进行标注。

当巡检图像作为深度学习的初始训练数据集，缺陷设备部件标注时需量化分类标准中的语义信息，根据任务需求设计不同的标注规则。以下以绝缘子自爆为例，标注示例如图 4-9 所示。

图 4-9 绝缘子自爆标注

对收集的图像数据构建巡检图像管理数据库，以实现对可见光图像的存储、管理、查询、缺陷检测，报表功能、分类和分级，存储图片、搭建增量式

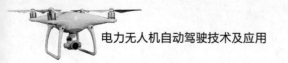

的深度学习训练环境以及训练缺陷智能识别算法的要求。

数据库系统架构由图像数据导入、数据查询、图像缩略图显示、统计报表显示、数据上报接口等功能页面组成。系统建设资源包括：储存服务器、应用服务器、研发的数据库软件系统等。其中，存储服务器负责数据的读取、存储，提供数据备份恢复功能，通过安装防火墙和杀毒软件来保证数据的安全，该服务器将与互联网隔离避免来自互联网的攻击，保障系统安全稳定运行。巡检图像数据库应用服务器，负责承载缺陷数据和数据服务，其应用逻辑如图 4-10 所示。

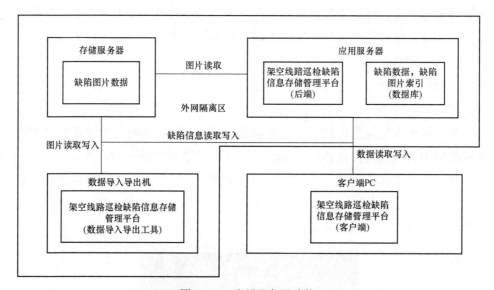

图 4-10　应用服务器功能

4.4.4　激光雷达数据管理

激光雷达数据的存储管理内容主要包括以下四种：

（1）作业信息：用于机巡作业现场工作的管理信息文件。

（2）导入数据：机巡现场作业前导入飞机巡检系统的数据文件。

（3）输出数据：机巡现场作业和后续数据分析所产生的数据文件。

（4）巡检报告：数据分析所形成的巡检报告文件。

激光雷达数据采集后需要对其进行处理，首先对激光点云进行航迹解算、点云解算等预处理，然后检查点云完整性；其次剔除激光点云噪点，对配网线路、地物等进行人工/自动分类处理；最后对点云数据进行裁剪，生成线路走廊，提高处理效率。激光雷达数据处理完毕后，可利用处理后激光点云模型进行数据分析：

（1）利用激光点云模型，结合配网架空线路导线理论模型，编辑生成矢量化导线，模拟配电网多工况条件下导线弧垂变化，进行缺陷、隐患预测。

（2）通道内存在高大树木、边坡等特殊情况下，利用激光点云模型进行树木倒伏安全距离检测分析。

（3）根据需求可将激光点云生成数字高程模型。

（4）利用激光点云数据匹配巡视计划、可见光、红外测温、缺陷报告、消缺闭环等数据，建成配网线路数字化通道。

4.4.5　红外数据管理

红外数据的存储管理内容主要包括以下四种：

（1）作业信息：用于机巡作业现场工作的管理信息文件。

（2）导入数据：机巡现场作业前导入飞机巡检系统的数据文件。

（3）输出数据：机巡现场作业和后续数据分析所产生的数据文件。

（4）巡检报告：数据分析所形成的巡检报告文件。

4.5　数据资源评估

（一）点云解算集群资源评估

根据测试，在服务器 datawork12 上解算 2379 张影像耗时 3h 9min，在服务器 datawork85 上解算 2070 张影像耗时 1h 42min，效率接近提高 2 倍，对比机器性能主要区别在于 CPU 的主频，高主频 CPU 对系统影像计算速率提升明显，如图 4-11 所示。因此点云解算集群需要由高主频 CPU 的服务器部署组成，推荐配置见表 4-9。

服务器名	电脑型号	CPU型号	CPU核心(C)	内存(GB)	硬盘(TB)	显卡
datawork12	惠普 Z640 Workstation	Intel(R) Xeon(R) CPU E5-2630 v4 @ 2.20GHz	40	32	15	GeForce GTX 1080
datawork85	戴尔Precision 3630	Intel(R) Core(TM) i9-9900K CPU @ 3.60GHz	16	62	3.5	GeForce GTX 2080

datawork12　　　　　　　　datawork85

图 4-11　不同配置效率对比

表 4-9   点云解算群资源评估服务器配置

配置名称	配置规格	数量
点云解算集群服务器	2 颗处理器；主频 3.80GHz；每颗 CPU 内核数为 4；配置 256G DDR4 频率为 2933MT/s 内存；配置 1 块阵列卡，缓存 2G，支持 RAID0、RAID1、RAID5、RAID6、RAID10、RAID50、RAID60 等，支持掉电保护功能；配置 2×480GB 2.5 英寸 SSD 硬盘；配置 2×2.4TB 2.5 英寸（10K，12Gb/s）SaS 硬盘；配置 1 口千兆带外管理网卡；配置 1 块双端口千兆电口网卡；配置 1 块双端口万兆光纤网卡（含光模块）；配置 1 块 NV Telsa-T4 PCIe 16GB 显卡；机箱外形为 2U 标准机架，配置 2 个 550W 白金电源、4 个热插拔风扇模块，含机架安装套件，带安装导轨、电源线；含 5 年维保	39

（二）支撑平台资源评估

用户通过上传工具上传数据到支撑平台，点云解算集群从支撑平台拉取影像和推送点云，系统点云处理模块从支撑平台拉取原始点云和推送点云切片，并且定时把冷数据保存到非结构平台。

因此，支撑平台承载着海量的数据流，对实时性要求也很高，建议由物理机集群部署，推荐配置见表 4-10。

表 4-10   支撑平台资源评估服务器配置

配置名称	配置规格	数量
支撑平台服务器	2 颗处理器；主频 2.30GHz；每颗 CPU 内核数为 16；配置 128G DDR4 频率为 2933MT/s 内存；配置 1 块阵列卡，缓存 2G，支持 RAID0、RAID1、RAID5、RAID6、RAID10、RAID50、RAID60 等，支持掉电保护功能；配置 2×480GB 2.5 英寸 SSD 硬盘；配置 7×6.4TB 2.5 英寸 NVME PCIE SSD 硬盘，读写混合型（含相应服务器托架）；配置 1 块双端口千兆电口网卡；配置 2 块双端口万兆光纤网卡（含光模块）；配置 1 块 32Gbps 双口光纤通道 HBA 卡（含光模块）；机箱外形为 2U 标准机架，配置 2 个 550W 白金电源、4 个热插拔风扇模块，含机架安装套件，带安装导轨、电源线；含 5 年维保	8

（三）非结构化平台资源评估

2070 张原始影像数据大小为 19GB，结果数据大小为 18GB，总计需占用存储约 37GB，如图 4-12 和图 4-13 所示。

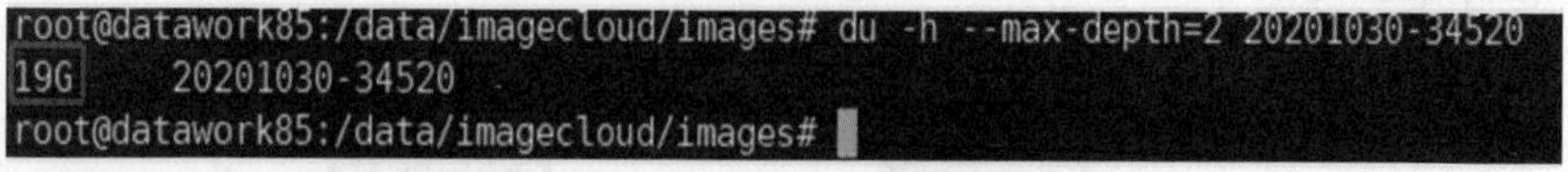

图 4-12　原始影像大小

```
root@datawork85:/data/imagecloud/projects# du -h --max-depth=2 20201030-34520
1.4G    20201030-34520/terra_las
225M    20201030-34520/terra_pnts/BlockXX
232M    20201030-34520/terra_pnts/BlockXA
236M    20201030-34520/terra_pnts/BlockAB
261M    20201030-34520/terra_pnts/BlockAY
952M    20201030-34520/terra_pnts
15G     20201030-34520/undistort
16K     20201030-34520/report
18G     20201030-34520
```

图 4-13 任务结果数据大小

 小　结

机巡自动巡检技术在配电网杆塔坐标更精准、线路巡视效率提高、巡视质量提升、基层配网线路缺陷"两张皮"破局、全省配网线路综合停电计划更加受控等方面已经初步显示了巨大潜力。随着倾斜摄影技术的发展，配网线路的自动巡检航线规划效率也得到了提升。其航线规划技术广泛应用于广东省多地电网供电局，已形成了一套低成本、可复制的配网无人机自动巡检方案。与此同时，配网机巡技术的发展也带来了五个方面的转变：一是完成人巡到机巡智能运维的转变；二是推动生产变革实现省地联动多机种协同作业模式；三是赋予员工数字化转型，锻炼了一批高起点、高质量的发展队伍；四是抢占标准制高点，编制配网相关标准，填补了国内标准领域的空白；五是信息集中式平台建设，集中统一存储并深度挖掘应用数据，开展配网机巡常态化巡视。

5 变电站无人机自动巡检技术

随着社会供电需求的快速增长，大量新建变电站投入运行，且新投入的变电站规模越来越大，需巡视的设备类型多样、数量庞大，运维检修的工作量与工作难度不断增大。传统的人工变电站巡检方式，主要依靠人工运用感官、抄表、记录以及使用一些相配套的检测仪器对变电设备进行检查。人工巡检模式劳动强度大，工作效率低，受恶劣天气干扰大，巡视质量不稳定，因此，急需利用新技术新手段寻求更为实用和高效的变电站巡检方法。目前变电站采用自动化巡视的大疆精灵 4G-RTK 高精度定位及视觉辅助定位导航的多旋翼无人机开展变电站自动驾驶相关工作。

5.1 术语和定义

（1）自主飞行。无人机自主飞行指的是无人机自主起飞、精确巡视、精准降落，无需人工遥控，根据作业任务按时自动执行飞行作业。

（2）日常巡维。日常巡维过程中需开展的设备检查、试验、维护工作。

（3）动态巡维。动态巡维是指气候及环境变化、专项工作等触发的设备管控级别不做调整的巡维工作，按规定内容开展的设备巡视、测试、维护工作。

（4）无人机自动机场。无人机自动机场是实现无人机全自动巡检的地面基础设施，具有无人机自动存储、自动充换电、远程通信、数据存储、智能分析等功能。

（5）无人机自动机场系统。一种用于固定区域自动巡检的无人机自动机场系统，由无人机现场监控系统、无人机自动机场本体、供电系统、通信系统、无人机等组成，用于变电站全自动巡检作业。

（6）智能巡检系统。由无人机自动机场集控设备组成。用于多个无人机机场的接入、管理、监视及控制，实现多个无人机自动机场的远程集中管控。

5.2　变电站三维建模

5.2.1　建模技术对比

搭建变电站空间三维模型，是变电站无人机自动巡视的基础，同时也是数字孪生变电站的主要支撑。获取变电站三维模型的技术路线，主要有倾斜摄影实景建模、激光雷达扫描点云和三维设计三种技术路线。

应用倾斜摄影技术搭建变电站实景模型，采用 RTK 高精度定位无人机搭载专业测绘镜头，通过在变电站上空进行航拍采集数据，生成实景模型与点云模型。其主要优点有四项：一是还原度高，实景模型与现场实物一致，仪表、设备均能在模型中看清，便于设计无人机自动巡视航线；二是自主性强，从模型的采集、建模、航线规划到试飞，可借助集成化的软、硬件工具，由熟悉本站设备的运维人员自主完成，可简单易行地实现"从零到飞"；三是成本优势，所需设备造价低，且可以重复利用；四是效率优势，是从零到飞时间跨度短。以一个 220kV 变电站为例，1 台大疆 M300 无人机搭载 P1 镜头，采集模型一般需要 1d，模型解算 1d，航线规划 2d，总耗时 4d。但倾斜摄影实景模型同样存在电力导线部分无法建模、模型下表面等飞行视野盲区精度不足等问题，如图 5-1 所示。

图 5-1　倾斜摄影建模效果图

应用激光雷达采集变电站点云形成的点云模型，通过在变电站内架设地基雷达、无人机搭载雷达等方式，完成变电站三维点云数据的采集，并通过专用软件进行点云数据处理，如图 5-2 所示。其主要优点有四项：一是存储和数据格式简单；二是点云获取方式相对简单；三是点云没有拓扑结构，坐标是确定的，无需解算坐标；四是模型内的设备均由无数点组成，每个点都带有地理坐标信息。其不足主要有作业过程具有专业跨度，专业仪器使用学习成本高，自主性不强，建模成本较高等问题。

图 5-2　激光雷达点云效果图

采用三维设计进行的变电站模型搭建，以变电站激光点云，变电站设备二维平面图纸、三维图纸，设备厂家资料等信息为数据源，通过专业三维设计软件，将变电站进行仿真、立体、数字化呈现，其主要优点是模型具有数据结构，可拆解、可度量、可拓展、易交互，可覆盖变电站户内设备。其不足是需要投入高额的建设成本，模型真实感差，不具备高精度坐标等。

5.2.2　变电站倾斜摄影实景建模

1. 装备要求

（1）作业镜头。应使用测绘级镜头，影像分辨率（GSD）应可能达到厘米级，具有较高的感光元件尺寸，并拥有一定畸变矫正能力，以便使后期空三解算处理数据时照片具有更高空三解算通过率。

（2）无人机导航系统要求。作业应使用具有完善的定位导航系统的多旋翼无人机，需要搭载 RTK 高精度定位设备（定位精度应达到 5cm 内），支持加载自定义飞行航线及动作。

（3）无人机飞控系统要求。由于变电站的无人机作业环境较为复杂，无人机需具备智能的飞控系统，应具备保障航线安全稳定运行的功能，如遇数据链路中断、航线任务或高精度定位功能无法正常运行时，应具备默认的、内置的避障悬停、原地降落或升高返航功能，以免影响站内高压运行设备。

2. 倾斜摄影实景建模方法

变电站倾斜摄影建模需要以下 4 个步骤：

第一步，高空航测：同时采集变电站设备的多角度倾斜摄影信息。

第二步，获取粗模：对高空航测采集的照片进行初步解算，形成粗模。

第三步，低空补测：在粗模上规划自定义航线，并按该航线执行低空补测。

第四步，解算精模：将高空航测、低空补测采集的照片同时解算，最终得到高精度实景模型或点云。

（1）高空航测。高空航测作业目的，一是产出变电站粗模，二是获得可参与后期建模数据解算的采集结果。

航测作业前，应做好变电站内设备的实地、高空勘查工作。

1）实地勘察。实地勘察应确认高空航测的飞行高度、航测范围、飞行范围。

飞行高度：一般选择高于站内需建模设备（通常为避雷针）的最高点约5m。当此高度未躲过飞行区域的构（建）筑物最高点时，则需以安全优先为原则。

航测范围：航测范围一般为变电站围墙以内的所有区域，加上变电站拟建外围。

飞行范围：飞行范围不等于航测范围（见图 5-3），当倾斜摄影的角度过低时，飞行范围的边距会显著超出航测范围，此时要重新勘查实际飞行范围是否存在障碍物，以保证安全。

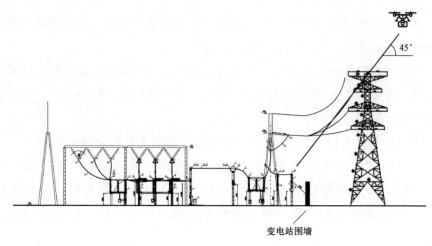

变电站围墙

图5-3　倾斜摄影角度较小时飞行边距会显著超出航测区域

飞行范围的计算方法：如图 5-4 所示，α 为设定的航测倾斜角度，h 为飞行高度，则实际飞行范围距离航测范围的长度 $l = h\cot\alpha \cdot h$。

2）高空安全验证。在得到合适的航测高度后，需使用轻型无人机进行高空勘察。将无人机镜头水平朝前，操作起飞至该高度后，环绕航测范围区域巡视一周，确认该高度内确实无高于此高度的构（建）筑物，方可使用作业无人机开展航测作业。

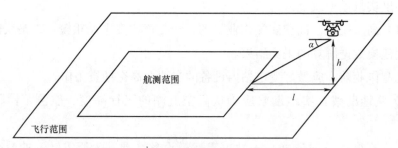

图5-4　飞行边距与航测范围间的距离计算

3）高空航测作业。通过在卫星地图上选取航测范围，并以自动航线的形式开展航测作业，表 5-1 为航测过程主要参数。

表5-1　　　　　　　　　高空航测主要参数推荐值一览

参数名称	推荐值
云台俯仰角	$-65° \sim -45°$

参数名称	推荐值
飞行高度	应符合高空勘察结果
飞行速度	<3m，速度越低效率越低，安全性越高（效果越好）
完成动作	按航线分类设置
失控行为	按航线分类设置
旁向重叠率	70%（兼顾效率）
航向重叠率	80%（兼顾效率）
主航线角度	与设备排布方向斜错开

表 5-1 中，五向航线的主方向应与站内设备的排列方向错开 45°（见图 5-5），这样可使部分设备在靠建筑物或隔墙侧，拥有较大暴露面。

为提高高空航测采集结果的可用性，以及与低空补测采集结果的配合度，高空航测应选择多云或阴天进行，排除阴影干扰。

（2）获取粗模。将高空航测得到的采集结果，使用空间三维计算软件进行解算、建模，得到初步的模型结果（即"粗模"），该解算结果用于下一步规划低空补测的航线。粗模无需十分精密，仅需选取"五向"飞行中的俯视正摄图进行解算即可，并考虑到规划航线的方便性，解算结果宜为点云。

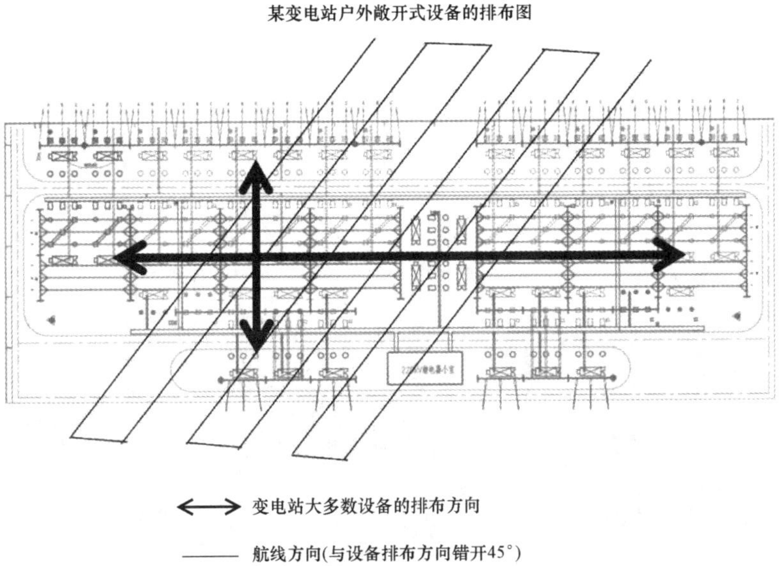

某变电站户外敞开式设备的排布图

⟷　变电站大多数设备的排布方向

——　航线方向（与设备排布方向错开45°）

图 5-5　自动航线方向与站内设备错开 45°

（3）低空补测。在粗模上围绕需要精细修模的设备，规划低空补测的自动航线，一般有如下要求。

1）进行安全验证：先在粗模上选取特定的标记物（一般在高空航测前，先在地面标定），使航线的第一个点飞至该处点位，将标定物置于镜头中央点拍摄照片，然后实际执行该航线，在所得的拍照结果中，观察标定物与照片中心点的偏差，若实际点与标定点位误差超过 10cm，则不符合精度要求；将在粗模上规划好的航线，使用轻型无人机进行试飞验证，验证时可开启无人机的各向视觉避障功能，甄别航线中的风险点，原则上，中型无人机起飞前，其航线必须通过轻型无人机的试飞验证。

2）低空补测的倾斜摄影角度可以同高空航测一致（−65°～−45°），部分设备临近建筑物墙面、防火隔墙等，则应注意增加至−80°～−60°（见图 5-6）。

3）低空补测照片必须以俯视角度拍摄，并且尽量不要拍到天空背景，否则会干扰后期空三解算中对同名点的获取，严重影响模型精度。

4）低空补测的取镜方法宜为如图 5-7 所示的"三层式"拍法，即以高空

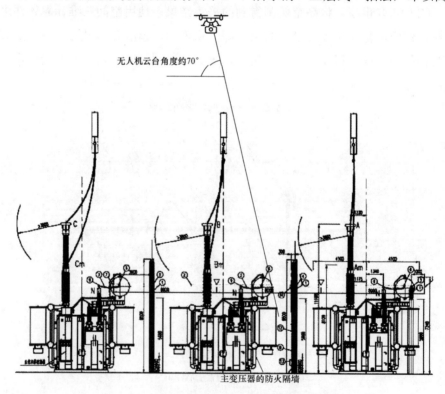

图 5-6 低空补测时部分设备有视野阻挡的情况

航测为第一层，主要用于覆盖全站所有设备；以导线、构架上方补测为第二层，覆盖主要设备；以近地飞行的航线为第三层，主要针对部分重要设备的细节精修。

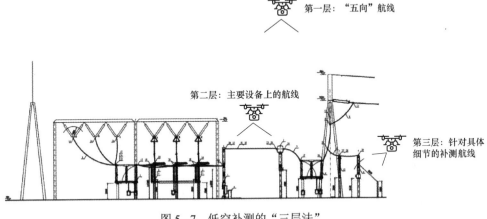

图 5-7　低空补测的"三层法"

5）考虑到变电站设备的排布规律大致与导线延伸方向相同，低空补测的"第二层"航线可以沿各方向的导线，在两个方向来回飞（见图 5-8）。

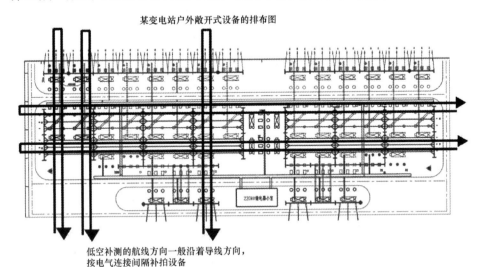

图 5-8　低空补测时"第二层"的航线飞法

6）第三层为近地面的补充采集，在有以下需要时，可适当增加该层：主变压器等设备具有的重要附属件，由于位置靠近地面，通过高空航测以及第二

99

层补拍难以近距离覆盖的；部分设备的双重编号牌需要在模型中清晰呈现的，以及其他因各种需求，须更高清呈现的。

如添加第三层的补测拍摄，需注意考虑其与第二层、第一层的垂直重叠率（见图5-9），一般要至少达到50%以上。

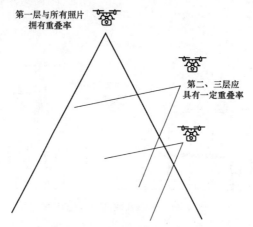

第一层与所有照片拥有重叠率

第二、三层应具有一定重叠率

图5-9 低空补测的三层重叠率

对准设备双重编号进行补拍，可增强模型中双重编号的字体显示效果，但设备双重编号往往设置在密集设备区，拍摄时应注意安全优先原则。总的来说，第三层的补测不能离目标设备太近，这是出于重叠率和安全距离的双重需要。

（4）解算精模。高空航测和低空补测所拍摄的照片，须放在同一次解算中运算，才能达到预想的建模精度。

建模时应遵循实用的标准，对模型进行适当的约束和保留。例如：距离变电站距离较远的模型碎片，可裁切掉不予生成以提升美观，并减少建模运算量；但变电站拟建外围，应根据安全、使用需要，适当保留。

3. 变电站倾斜摄影安全要求

（1）安全原则。变电站的无人机航测，应同时兼顾飞行安全以及航测精度，但在安全与精度存在矛盾时，应按照优先考虑安全因素的原则。例如：建模精度不足时，优先考虑使用更长焦距的镜头，而不是通过降低飞行高度提升精度。

1）自动驾驶优先：由于变电站的特殊性，手动驾驶无人机航测作业，不符合电力设备的安全需要。无论是高空或低空，均优先采用自动航线，通过航线控制无人机避开有电设备、构（建）筑物等障碍物。手动驾驶仅用于紧急情况下飞机操作收回。

2）自动飞行的安全要求。

a. 起飞前检查：无人机起飞前，应做好各项检查，调试、校验好无人机及相机、镜头等设备，尤其是 RTK 信号检查。飞行期间，需全程留意 RTK 信号是否丢失，如 RTK 丢失，则拍摄所得的照片未带有 RTK 信息，无法参与空三解算，同时没有 RTK 信号的飞行存在一定飞行安全隐患。

b. 安全校核：自定义的航线生成后，必须进行安全校核，可使用小尺寸的飞机对自定义航线先行试飞，再使用航测专用飞机开展作业。

c. 航线分类管控：为保证无人机的失控风险随时可控，飞行航线须按照紧急返航通道严格划分为两类（见图 5–10）：第一类为"上跨型"，无人机上方不能存在任何设备或导线，该类航线的失控控制方法为升高返航；另一类为"下穿型"，无人机下方不能存在任何设备或导线，该类航线的失控控制方法为原地降落。自动航线起飞前，应设置并检查不同类型的失控返航行为，包括返航高度、返航点等参数。

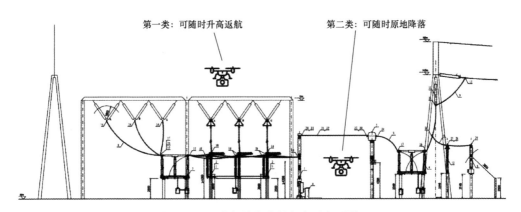

图 5–10　两类航线各自的紧急返航通道

（2）高空航测的安全要求。

1）高空航测的飞行高度，应躲过实际飞行区域所覆盖的避雷针、临近输电杆塔等较高构（建）筑物的最高点，应至少高于 5m 以上。

2）高空航测开展前，应进行现场勘察，包括走近到飞行区域的实地勘察，以及驾驶无人机高空勘察两部分。

（3）低空补测的安全要求。

1）与非带电体安全距离：无人机飞行中与非带电体（构架、避雷针、建筑物等）间的距离，应满足站内设备 3m 以上（见图 5–11），包括与高于飞行高度的设备水平距离不小于 3m，与无人机下方的设备垂直距离不小于 3m。

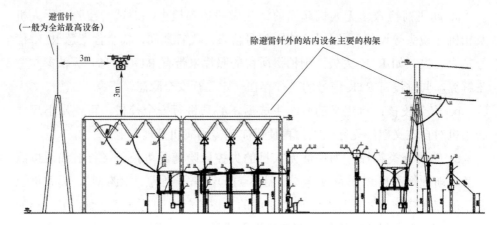

图 5-11　无人机低空补测的安全距离

2）与带电体安全距离：无人机飞行中，与带电体的安全距离：按电压等级，500kV 不小于 5m，220kV 不小于 3m，110kV 及以下电压等级不小于 1.5m。

3）与人的安全距离：无人机飞行中，人与无人机的安全距离不小于 3m。

5.2.3　变电站激光点云建模

采用地基雷达设备开展变电站三维建模工作，变电运行人员根据变电站内设备分布情况，自主选取地基雷达扫描基站点，完成变电站三维点云数据的采集，并通过专用软件进行点云数据处理，如图 5-2 所示。采用地基雷达建立高精度变电站三维点云数据，主要分为全方位点云采集、控制点定点、坐标数据转换、模型误差控制四个模型数据采集与处理步骤，数据采集过程安全，点云模型清晰，建模精度达到厘米级。

表 5-2　　　　　　　　　地基雷达模型数据采集各阶段清单

序号	建模阶段	工作内容
1	全方位点云采集	根据变电站设备分布情况及特点，多角度、多位置采集各设备、各间隔点云数据
2	控制点定点	通过精密仪器获取特征地面点（控制点）坐标信息
3	坐标数据转换	根据控制点坐标数据，转换变电站点云坐标系统，确保点云数据的实用化
4	模型误差控制	根据输出模型中特征点坐标，控制变电站三维模型坐标误差

5.3 变电站无人机自动巡视航线规划

变电站无人机自动巡视航线规划是无人机作业重要的一环，将变电站三维点云模型和倾斜摄影模型作为高精度三维地图进行航线规划。航线规划主要包括了点位选择、航线规划设计、检查和试飞校验，如图 5-12 所示。

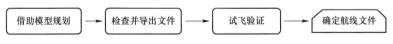

图 5-12　变电站无人机自动巡视航线规划技术路线

5.3.1　航线点位选择

根据《广东电网有限责任公司变电设备运维策略实施细则（2020 版）》对设备的巡视要求，确定设备主要拍摄部件如下：

（1）变压器包括油位表、瓦斯继电器、压力释放阀、分接开关、套管升高座、阀门、散热管、呼吸器、温度表、母线桥。

（2）电流互感器包括引线、接线板、绝缘套管、底座、接地、二次接线盒、阀门、膨胀器、油位表、压力表。

（3）电压互感器包括引线、接线板、绝缘套管、底座、接地、二次接线盒、阀门、膨胀器、油位表、压力表。

（4）避雷器包括引线、接线板、均压环、绝缘子底座、瓷套、接地、泄漏电流表；断路器包括引线、接线板、绝缘子、基础、接地、端子箱、机构箱、SF_6 压力表、分合闸位置、动作计数器、机构储能情况。

（5）隔离开关包括引线、接线板、导电元件、绝缘子、传动元件、刀闸、底座、接地机构箱、机械锁。

（6）其他包括电容、避雷针、绝缘子、建筑物等。

5.3.2　自动巡视照片要求

作业人员应保证所拍摄照片对象覆盖完整、清晰度良好、亮度均匀。拍摄过程中，须尽量保证被拍摄主体处于相片中央位置，且处于清晰对焦状态。

5.3.3 航线规划技术路线

5.3.3.1 点云技术路线航线规划

（1）首先通过摄影原理结合相机的解析度和焦距，反向推算出需要拍摄目标物体清晰时无人机应该停留的位置，以及相机应该设置的俯仰角，得到符合条件拍照点集合，每个目标的拍照点集合呈现以目标为圆心的空间球形分布。

（2）根据拍摄目标点云和周围环境构建电子围栏，对拍照点进行过滤，去除和设备点云冲突或太近容易导致碰撞设备的拍照点，去除相机俯仰角太小或过大导致照片效果不好的拍照点，去除会导致碰撞周围障碍物的拍照点，留下合理的拍照点集合。

（3）待所有目标的拍照点计算出来之后，结合所有拍照点集合，以路径最短为原则，每个目标选取一个拍照点形成一条耗时最短的最优航线，航线规划完成后可以进行航线的三维模拟飞行预览，直观查看无人机使用航线作业的效果；如果发现不合理的地方可手动修改拍照点位置，或者增加需要拍照的特殊位置。

（4）变电站设备航线规划完成后，根据任务需求进行航线拼装，形成进行基于地形图的三维全局航线预览；如果发现航线在整个飞行路径内存在设备或障碍物冲突的情况，则对航线进行调整，以保证飞行作业的安全。

5.3.3.2 倾斜摄影技术路线航线规划

（1）结合倾斜摄影实景三维模型、现场实际情况和《广东电网有限责任公司变电设备运维策略实施细则》，理清需拍且能被无人机拍到的设备具体位置。

（2）先通过设置拍摄距离，垂直地面设置拍摄点，获得特定高度的无人机三维空间航点，确定位置后再添加拍照动作，并对拍照参数（俯仰角、偏航角）进行设置，使待拍摄点尽可能在画面中央。也可通过软件绘制航线所见即所得的特点，调整软件三维界面视角，使待拍摄位置尽可能处于软件界面中心，设置好拍摄距离直接或者拍照点。相邻航点会自动连接形成航线，视情况可添加无拍照动作的航点作为辅助航点。拍照动作需根据拍摄内容进行命名，方便后续照片归档。

（3）绘制完的航线可通过点云模型进行安全距离校验，确认无碰撞风险后再进行试飞验证，根据照片效果进行调整优化，得到最终航线文件。

5.3.4 航线规划的安全原则

5.3.4.1 航拍点安全距离判断

航线规划时，航拍点应满足下列距离条件（见图5-13）：

（1）无人机与带电部位的安全距离 L_1 应大于相应电压等级的安全距离（500kV 为 5m，220kV 为 3m，110kV 为 1.5m，35kV 为 1m，10kV 为 0.7m）。

（2）无人机与拍摄目标的距离 L_2 应按试飞结果得到的推荐距离进行设置。

（3）无人机离设备 2m 以内时，应在设备支撑构架的高度 L_3 以下飞行，为了满足该原则，部分表计应设成仰拍（如 SF_6 压力表等）。

（4）无人机与地面或下方物体的距离 L_4 应大于 1.5m。

5.3.4.2 航线规划的安全原则

在变电站无人机航线规划时，应遵守以下安全原则：

（1）航线要分为两种：上跨型和下穿型。上跨型指整条航线上方无设备的航线，该类航线的失控行为为升高返航；下穿型指整条航线下方没有设备的航线，该类航线的失控行为为原地降落。

（2）航线尽量走人巡通道。

（3）航线应遵循横平竖直、避免斜飞，斜飞可能导致碰撞设备，或离设备太近。

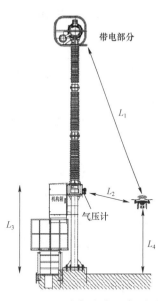

图5-13 无人机安全距离原则

（4）对于上方下方都有设备的空间，可以采用在空旷处原地升高，在高处拍照，再原地降落，继续走人巡通道前进。

（5）设置航线的第 1 个航点作为安全验证点。飞到某特征物（比如井盖）的上方 2m 或 3m，镜头竖直朝下，即云台俯仰角度设为-90°，将特征物（如井盖）至于拍摄视角中央，添加拍摄动作，再添加悬停动作，悬停 10s。

（6）实际执行时，先看这第 1 个点拍摄的特征物（如井盖）位置对不对、有没有在镜头中央，飞行高度与规划的是否一致等。如果发现不对，有 10s 的反应时间暂停任务、检查问题。

（7）起点与终点设在空旷的区域，且上方与下方均没有设备。

（8）间隔小于 2m 的位置不飞，不规划（如线路间隔线路侧刀闸与线路避雷器之间距离小于 2m，不规划）。

（9）当主变压器三面有墙且墙离主变压器距离小于 4m 时，大概率会丢失 RTK 信号。这些位置对应的表计暂不规划。仅对主变压器朝向道路旁一侧进行规划。

（10）航线速度要求：在高压设备区，只要满足以下两种情况之一，则飞行速度必须等于 1m/s。① 飞行高度小于 3m；② 以无人机为中心，半径为 3m 的球形空间内有飞行障碍。

5.3.4.3　航线试飞校验的安全原则

通过试飞可以校验航线的可行性和安全性，便于寻找提高航线效率和安全的优化点，通过试飞也利于获取点位推荐拍摄距离。试飞应遵守以下安全规则：

（1）试飞前应在三维倾斜摄影模型和点云模型上分别逐点检查航线是否满足安全原则。

（2）试飞前应进行无人机硬件检查、软件参数及设置进行检查。

（3）试飞时，无人机起飞点（即无人机执行航线之前放置的位置，未来起飞点即为无人机机巢位置）应选在空旷位置，航线试飞时应满足以下条件：① 起飞点正上方无任何构架、导线等障碍物；② 起飞点到航线第一个点连线之间无任何障碍物。

（4）试飞前检查航线上各位置的 RTK 信号良好。

（5）试飞时首先通过安全验证点（第一个航点）判断是否具备继续执行。

（6）试飞过程中时刻留意无人机是否有异常情况，若有异常情况，如无人机实际不满足安全距离规定、丢失 RTK 信号等，立即停止试飞，手动控制无人机安全降落，待修改完航线、完成检查后再试飞。

（7）试飞过程中，任何人不得靠近无人机 3m 以内。

5.4　变电站无人机机巢与自动巡检作业

5.4.1　变电站无人机机巢

无人机智慧机巢的研发，保障了无人机能在变电站长时间可靠、安全、自主地巡视。无人机智慧机巢是保障无人机自动运行的基础设施，为无人机提供恒温恒湿的存放空间、起降场地，具有电池自动更换等功能。

无人机机巢采用先进的 AR-tag 降落引导系统、抓取机构和机械臂系统，可实现无人机的精准降落、快速更换电池等功能。同时，具有独立的环境监测系统自动判断起飞条件，为无人机安全巡视提供保障。无人机智慧机巢整体外观如图 5-15 所示，机巢部分组成构件如图 5-14～图 5-18 所示，基本功能介绍如下：

图 5-14　无人机智慧机巢整体外观

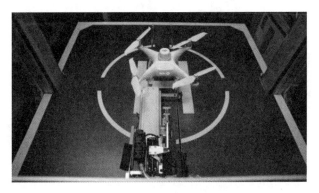

图 5-15　基于机械臂自动更换电池

（1）机巢可为无人机提供快速更换电池功能，支持 4 块无人机电池同时充电。基于抓取机构和机械臂系统，可实现电池快速更换，提高巡视效率。

（2）机巢精准降落引导系统，包括基于 AR－tag 的无人机飞行降落引导系统和基于 RTK 精准定位功能，双重保障使无人机即使在无 GPS 网络覆盖的情况下也能精准着陆，降落误差半径限制在 10cm 以内。

（3）机巢气象监测系统，接入变电站微气象监测数据，作为无人机起飞条件气象数据判断标准。同时，机巢内置服务器可从互联网获取作业覆盖范围内的实时分钟级气象数据，两者结合可动态调整飞行计划，在恶劣气候条件下及时暂停起飞或者召回空中无人机。

（4）机巢内置增强射频系统，采用高增益双极化全向天线组配合带自动跟踪云台的高增益栅格定向天线，保障无人机与机巢在各个相对位置都能保持稳定的通信质量。

图 5-16　机巢精准降落引导系统

图 5-17　机巢气象监测系统

图 5-18　机巢内置增强射频系统

5.4.2　巡检任务自主下发

无人机巡视调度功能模块可通过综合数据网将网格化航线规划功能模块生成的最优航线下达至机库，实现对无人机进行远方调度。

变电站客户端通过综合数据网访问巡视调度功能模块，也可以将航线下达至机库，实现变电站对无人机的调度。

5.4.3　状态数据信息和巡视数据回传

无人机巡视过程中，机库内的主机和推流服务器分别将无人机实时状态数据信息、图传和机库内外摄像头视频数据通过综合数据网传输至巡视调度功能模块，实现无人机的实时状态监控。无人机巡视任务结束后，机库主机将巡视图片回传至巡视调度模块，平台可根据巡视图片定位信息关联设备.kml文件对拍摄设备进行识别，将图片自动存储至设备对应的文件夹中，实现巡视数据管理。

小　结

基于巡检机器人和地面视频监控等智能化手段，能够有效地减少运维值班人员的巡视工作量。但由于巡检机器人采取地面巡视时，受巡检视角等因素的制约，只能解决变电站巡视的部分问题。变电站视频监控系统覆盖范围固定，也存在视觉盲区，无法实现变电设备全方位监控，影响了其进一步推广应用和

发挥更大作用。

近年来无人机技术快速发展，其飞行高度较高，视角更广阔，巡检无死角、无盲区，可以近距离、全方位监视变电站运行设备的状态，并及时发现缺陷，有效解决巡视盲区问题，弥补常规巡视、监控的不足，提升巡视的质量。但是，目前无人机在电力系统中主要应用于线路巡视，在变电站巡视中的应用仍然处于空白。主要原因为变电站内设备分布较为密集，且各种高压母线、跨接引线等带电导线走向错综复杂，电磁场强度较高，飞控系统易受到电磁干扰导致发生碰撞事故，损伤设备甚至可能危及电网运行安全。因此，如何在变电站实现无人机自动化巡检，通过多机协作、分区巡视等策略，有效提升巡视的全面性和巡视效率，提升电网的安全可靠程度，是当前面临的主要问题。

将机器人技术与电力技术融合，通过电力巡检机器人对输变配电环节实现全面的无人化运维检测已经成为我国智能电网的发展趋势。变电站轮式巡检机器人也逐步推广应用，成为站内设备例行巡视重要手段，但巡检区域高度有限，无法做到"全方位立体"的巡视。应用无人机智慧机巢实现无人机自动换电、自主起飞、精准降落和数据自动回传，通过无人机调度管理平台创建下发巡视任务、并对巡视作业进行实时监控与设备异常进行主动告警，开启了变电站立体巡检新时代。

6 自动巡检支撑系统

6.1 自动识别子系统

6.1.1 概述

本系统利用图像识别技术，挖掘输电设备的先验形状（比如：单片绝缘子是圆的）统计特征，从复杂背景的航拍图像中定位具体设备，自动检测出鸟巢、绝缘子自爆、防振锤破损等缺陷。

图像识别属于机巡作业生产流程的其中一个环节，有助于提升数据分析质量和工作效率。本系统是针对输电线路缺陷隐患分析而研发的，能够对航拍照片进行快速分析并且自动生成报告，在山区的电力精细化巡视和通道巡视中起到了重大作用。

系统主要由任务管理、智能分析两大模块组成，分别由两个对应角色来操作："任务管理员"角色操作任务管理，"数据分析员"角色操作 AI 识别并进行人工分析。本文将在"系统操作说明"中概述任务管理员、数据分析员的操作流程。

6.1.2 影像数据的人工智能识别技术

在神经网络架构方面，目前应用较多的是采用了算法迭代、效率较高的 TensorFlow 框架，但该框架存在接口通用性较差、需要自主二次开发的问题。

在特征提取与识别算法方面，目前应用较多的是 Faster-RCNN 算法，Faster-RCNN 提出了一个叫 RPN（Region Proposal Networks）的网络，专门用来推荐候选区域。Faster-RCNN 的功能由四个部分实现：

（1）卷积层（Conv Layers），用于提取图片的特征。输入为图片，输出为提取出的特征（Feature Maps）。

（2）RPN 网络（Region Proposal Network），用于推荐候选区域。输入为图

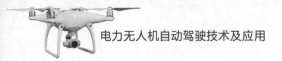
片，输出为多个候选区域。

（3）池化层（RoI Pooling），和 Faster-RCNN 一样，将不同大小的输入转换为固定长度的输出，输入输出和 Faster-RCNN 中 RoI pooling 一样。

（4）分类和回归，这一层输出候选区域所属的类和候选区域在图像中的精确位置。

Faster-RCNN 算法包含 2 个 CNN 网络：区域提议网络 RPN 和 Faster-RCNN 检测网络，Faster-RCNN 算法训练步骤主要是对区域提议网络 RPN 和 Faster-RCNN 检测网络进行联合训练，训练过程如图 6-1 所示。

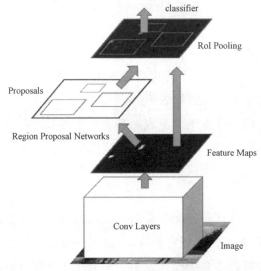

图 6-1　Faster-RCNN 算法过程示意图

（来自论文 Faster-RCNN：Towards Real-Time Object Detection with

Region Proposal Networks）

现有的 Faster-RCNN 是一个成熟稳定的计算框架，在检测速度与准确度要求二者之间取得了较好的平衡，结合 GACD 与迁移学习技术，可实现巡检无人机图像中设备典型缺陷自动诊断判定。但深度神经网络架构较复杂、技术路线分支较多，还需在深入掌握深度神经网络架构原理、理解核心参数意义的基础上，针对不同缺陷类型特点，优化调整技术路线和计算策略，以取得较好的识别效果。

6.1.3 术语

召回率：AI 识别是否有效的一个标准，召回率越高越好。

召回率＝智能识别正确的缺陷数/实际缺陷的总数。

准确率：AI 识别是否有效的一个标准，准确率越高越好。

准确率＝智能识别正确的缺陷数/智能识别出来的总缺陷数。

6.1.4 系统操作流程

1. 图像智能分析流程

（1）数据采集：采用直升机/无人机巡检方式，开展图像数据采集。

（2）数据整理与上传：通过人工或辅助工具进行数据整理，并统一上传。

（3）自动识别：数据上传后，图像识别系统按任务安排自动进行图像缺陷识别。

（4）人工标记：分析员核实确认自动识别结果，或标记算法未覆盖的缺陷类型。

（5）报告编制：图像识别系统自动输出报告，或推送到其他业务系统。

2. 系统（用户）操作流程

（1）任务管理员：新增任务。

（2）任务管理员：上传图像。

（3）数据分析员：领取数据。

（4）数据分析员：AI 算法选择。

（5）数据分析员：AI 识别。

（6）数据分析员：数据分析（审核 AI 识别结果）。

（7）数据分析员：分析完成。

（8）任务管理员：检查分析情况。

（9）任务管理员：下载 Word 报告（包含紧急、重大缺陷明细；一般、其他缺陷明细）。

（10）任务管理员：下载 Excel 报告（包含缺陷图片、缺陷隐患初步分析结果汇总表）。

6.1.5 图像识别变电站应用实例

图 6-2 所示为变电领域图像识别处理流程，巡视系统由站端的智能终端负责采集监测数据，完成算法自动识别结果，数据汇总变电单元脑统一处理，由专人负责运维策略制定、审核巡视任务、定级隐患缺陷。

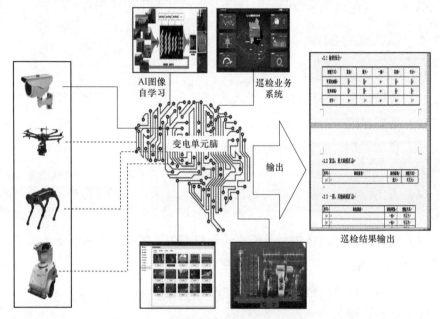

图 6-2 变电领域图像识别处理流程图

其中，主要涵盖的业务有：表计识别、设备红外测温、保护装置巡视、设备外观、漂浮物检查、刀闸状态识别，智能化识别等。

目前支持识别表计类型包括：SF_6 压力表、主变压器油位表、主变压器温度表、有载调压表、避雷器泄漏电流值、避雷器计数器。数据精度达到一个刻度以内，满足设备巡视运维需求。如图 6-3 所示，分别为主变压器油温表计、避雷器泄漏电流、油位表、SF_6 压力表。

设备红外测温：现场配置 640×480 分辨率红外测温摄像头。根据电网公司设备缺陷库标准实现超温自动告警，如图 6-4 所示。

实现保护屏柜远程巡视，监测屏柜信号灯、压板检查等功能，如图 6-5所示。

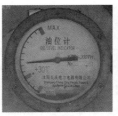

图 6-3 支持识别表计类型

图 6-4 设备红外测温

图 6-5 保护屏柜远程巡视

如图 6-6 所示为对设备外观进行检查，疑似放电痕迹自动识别。

图6-6　设备外观检查识别

通过结合 AI 视觉分析算法及双目测距算法对变电站隔离开关状态进行定性和定量判断，实现刀闸状态的"双判据"确认，并在系统上输出判断结果，如图6-7和图6-8所示。

图6-7　隔离开关状态 AI 视觉算法定性判断

图6-8　刀闸状态双目测距算法定量判断

6.2　树障识别子系统

6.2.1　树障分析云平台

树障隐患分析云计算，支持根据无人机或有人机激光扫描点云数据、可见光航拍影像生成的点云数据的树障隐患云端进行分析。内容包括云端点云分类，分类杆塔、导线、地面植被等点云数据，云端导线矢量化，根据悬链线公式拟合出电力线轨迹进而准确计算量取电力线距离地面和地表的准确距离。最后自动进行危险分析，输出实时工况树障危险点分析报告，云端存储的结果数据可通过网络访问。

6.2.1.1　运行环境

服务器操作系统：Windows 7 及以上，可兼容此系统浏览器版本见表 6−1。

表 6−1　　　　　　　　　　树障隐患分析云平台兼容浏览器版本

浏览器	版本号
Google Chrome	62 版本以上
Firefox	75 版本以上
Mircosoft Edge	80 版本以上

6.2.1.2　树障隐患分析操作流程

（一）自动分类

选择杆塔区间，点击【自动分类】按钮，将对地面、导线、铁塔、植被等主要类型激光点云进行云端自动分类，自动分类后的点云如图 6−9 和图 6−10 所示。

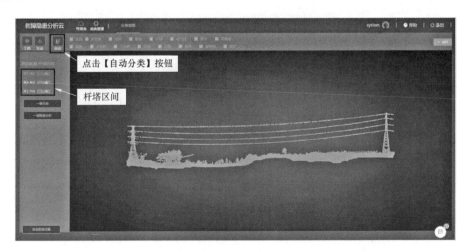

图 6−9　自动分类前界面

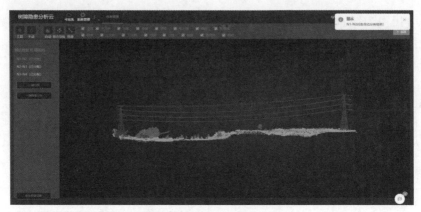

图 6-10　自动分类后界面

（二）手动分类

手动分类支持人工交互编辑自动分类后的点云修改，【自动分类】或【一键分类】后，如点云存在部分未被分类以及分类有误的情况，可点击手动分类将未分类的以及分类有误的点云纠正。如图 6-11 所示，点击【手动分类】按钮，点击多边形按钮，通过单击场景以放置第一个点来开始划分，框选出一个指定的区域，鼠标右键结束框选后，选择分类类型，点击手动分类框中的【提交】按钮，完成手动分类操作（支持提交多个手动分类）。

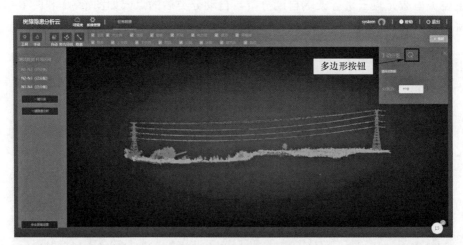

图 6-11　手动分类后界面

（三）拟合导线

针对可见光影像生成的点云导线缺失情况，支持手动添加导线挂点、控制点刺绘；如图 6-12 所示，点击【拟合导线】按钮，点击弹出新增下导线框中的【添加刺点】按钮，鼠标移动至缺失的导线，点击刺点框中的【提交】按钮，实现导线模型的拟合；支持批量添加下导线以及删除下导线。需要注意的是，每条拟合线至少添加三个刺点。

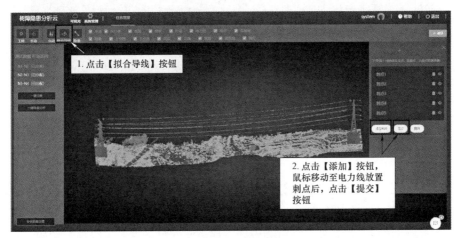

图 6-12　添加刺点界面

（四）安全距离设置

如图 6-13 所示，隐患分析前可对当前安全距离进行设置，安全距离设置管理员设置标准数据给数据员作为参考（数据员也可参考管理员标准数据进行自定义设置）。

1. 操作流程

（1）点击【安全距离设置】按钮。

（2）数据员在弹出的自定义界面修改类型数值，点击界面任意一个地方，点击弹出的"修改安全距离，是否继续？"对话框的【确认】按钮。

（3）选择点击【自定义】。

（4）点击【使用自定义隐患分析按钮】。

（5）点击【关闭】按钮，设置成功后可进行隐患分析。

2. 隐患分析结果

如果不是隐患，隐患属性显示"－"界面仍会显示距离的数值；如果超出安全距离，隐患属性将显示显示"一般"或者"重大"。

（五）隐患分析

如图 6-14 所示，点击【隐患分析】按钮，将点云矢量化得到导线空间模型与植被点云进行树障隐患点分析云计算，标注隐患点计算结果。注意：自动

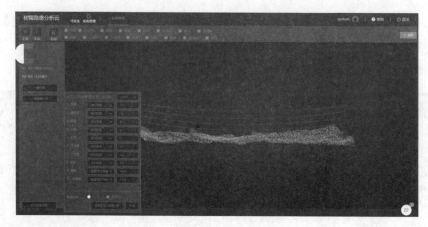

图 6-13　安全距离设置界面

分类或一键分类后或通过手动分类或拟合导线纠正点云后方可执行隐患分析。修改属性、合并隐患操作如下。

（1）如图 6-15 所示，隐患分析后，杆塔区间显示查看【隐患】按钮，点击该按钮，右上角弹出隐患列表，根据隐患分析后的结果支持手动修改隐患属性。

（2）如图 6-15 所示，隐患分析后，杆塔区间显示查看【隐患】按钮，点击该按钮，右上角弹出隐患列表，可选择两条邻近的隐患数据进行合并，成为一条隐患数据（如两条邻近的数据合并，选取实测净空小的为准）；点击列表数据，点云缩放至该隐患点处。

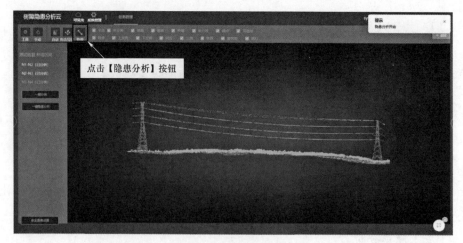

图 6-14　隐患分析

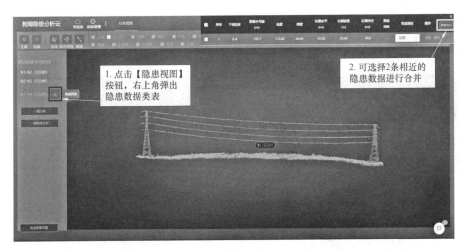

图 6-15　查看隐患列表

（六）一键分类

如图 6-16 所示，点击【一键分类】按钮，将该任务的所有杆塔区间一次性将对地面、导线、铁塔、植被等主要类型激光点云进行云端自动分类。注意：一键分类后点击查看各杆塔区间点云情况，如点云存在部分未被分类以及分类有误的情况，可点击手动分类将未分类的以及分类有误的点云纠正再执行一键隐患分析。

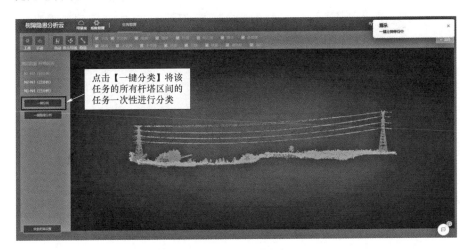

图 6-16　一键分类

（七）一键隐患分析

如图 6-17 所示，点击【一键隐患分析】按钮，将该任务所有杆塔区间一次性点云矢量化得到导线空间模型，与植被点云进行树障隐患点分析计算，标注隐患点计算结果。

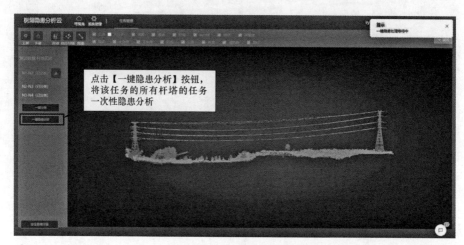

图 6-17　一键隐患分析

（八）点云类型区分

如图 6-18 所示，点击取消指定的点云类型，可查看界面点云分类情况。

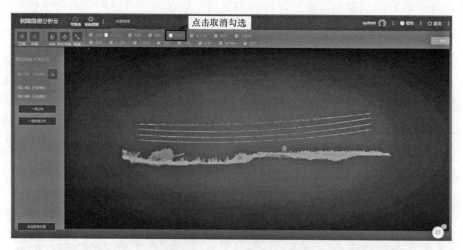

图 6-18　点云类型区分

（九）返回列表界面

如图 6-19 所示，点击【返回】按钮，界面返回列表界面。

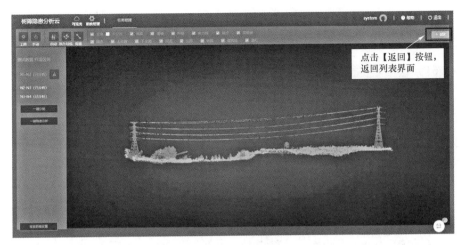

点击【返回】按钮，
返回列表界面

图6-19　界面返回

6.2.2　树障分析软件

　　激光雷达电力巡线软件，通过对海量点云数据的处理分析，快速精准提取电力通道内的危险目标信息，并为综合模拟工况下的电力安全运行提供分析预测。软件基于原始数据的杆塔位置快速进行标定与切档，采取分档并行处理提高数据分析效率。内嵌深度学习算法，自动分类电力线及电力塔，同时采用条件式分类算法对地面点、建筑物和噪声点进行自动分类。此外，软件提供交互编辑工具可对自动分类结果进行人工精细修改。对点云数据分类后进行实时工况检测，快速精准提取电力通道内的危险目标信息，同时，提供危险点检查工具对检测结果进行核查。矢量化工具可快速高效完成绝缘子与电力线的矢量化，并在此基础上进行大风、高温和覆冰工况下的综合预警分析。对点云数据进行单木分割后，可模拟单棵树木的生长和倒伏情况，判断潜在危险并进行预警分析，便于检测通道内的树木危险。在完成分析后自动生成相关的检测报告及表格，为电力安全运行提供决策支持。

6.2.2.1　运行环境

　　内存（RAM）：不小于8GB。

　　中央处理器（CPU），双核四线程处理器。

　　操作系统：微软 Windows 7（64 位）、微软 Windows 8（64 位）、微软 Windows 10（64 位）或 Windows Server 2012 及以上。

6.2.2.2 分析操作流程

（1）点击"添加数据"将处理后的数据加载到软件中。

（2）点击"3D 剖面"打开 3D 剖面工具。可以在 3D 窗口中平移和旋转点云，并通过选择图形工具对点云进行分类，如图 6-20 所示。在实际应用中，可以灵活选择使用 2D 或者 3D 剖面工具。

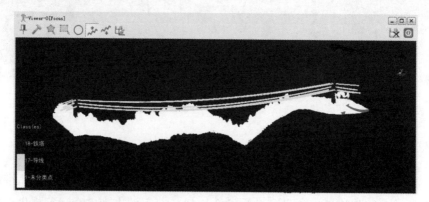

图 6-20　点云分类过程

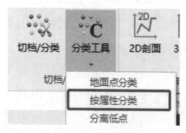

图 6-21　按属性分类工具

点击分类中的"按属性分类"如图 6-21 所示，将剩余未分类点分为植被点，如图 6-22 所示。

（3）危险点检测。在危险点检测界面，设置输入数据和检测参数。选择分类完成后的点云数据。根据设置的安全距离阈值，检测净空危险点，选择默认参数即可。

1）最小距离：小于该距离的点不对其进行危险点检测，认为其是由于噪声引起的危险点。

2）安全距离：若检测类别点与电力线点间的距离大于最小距离并小于等于安全距离，判定该点为危险点。安全距离值从 xml 文件获取。

3）聚类阈值：对净空危险点进行聚类时最大空间间隔距离，该值小于最大聚类范围值，采用三维欧氏聚类对危险点进行聚类。

4）最大聚类范围：净空危险点聚类后如果沿电力线方向长度大于该值，则分成多个危险点簇。

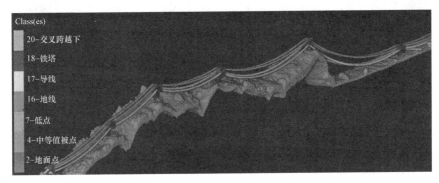

图 6-22 按属性分类过后线路

（4）处理完成后，检测到的净空危险点将以红色显示，危险点所在的杆塔区间、坐标、类别、与电力线的距离等信息将显示在右侧的净空危险点列表中。双击每个危险点所在的行，可跳转到该危险点在三维场景中所在的位置，并显示该危险点与电力线之间的距离，如图 6-23 所示。

A.1××线安全距离不足

序号	杆塔区间	测量时间	经度(E)	纬度(N)	高度(m)	档距(m)	距小号塔距离(m)	树种	水平距离(m)	垂直距离(m)	净空实测距离(m)	缺陷等级	安全距离(m)
1	N3-N4	2020-12-17						高植被	2.07	0.25	2.09	重大	7.00/7.00

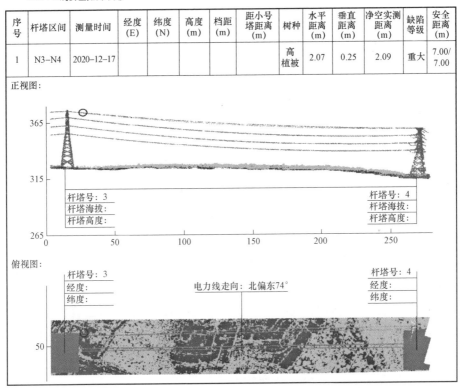

图 6-23 安全距离分析报告

7 展　望

7.1　技术展望

通信是无人机自动巡检的基础，随着北斗卫星定位及通信技术、5G 网络技术和混合组网技术的发展，自动巡检技术与通信技术的融合，为全环节全面的无人化运维检测打下了基础。而无人机机巢及多种新型传感器技术的蓬勃发展则为无人机自动巡检技术注入新鲜活力。

7.1.1　北斗卫星通信

全球除了 GPS，还有另外三大卫星导航系统，分别为中国的北斗卫星导航系统、俄罗斯的 GLONASS 定位系统以及欧洲的伽利略定位系统。其中，北斗卫星导航系统是我国自主研发的一套高精度卫星导航系统。随着近期我国北斗卫星导航系统第 55 颗也是最后一颗全球组网卫星发射成功，标志着我国北斗卫星导航系统星座部署完成，可为全球用户提供全天候、全天时、高精度的定位、导航和授时服务，如图 7-1 所示。

过去，无人机精准定位的通行做法是基于网络 RTK 定位服务，将卫星信号经过算法和差分计算处理，获取更高精度的定位，但该方案受限于网络信号的影响，在山区等偏远地区难以应用。现在，北斗卫星导航系统能获取无人机设备的精准三维坐标（经度坐标、纬度坐标、高度坐标），精度可以达到厘米级甚至毫米级。通过这些高精度三维坐标信息，为无人机自动巡检保驾护航。而北斗短报文是北斗系统区别于其他卫星导航系统的一个独特功能，借助北斗系统的覆盖范围广且不受地理位置的限制的优势，可以作为现有的光纤网络和无线公网的有力补充，为无人机应急勘灾提供高精度的定位服务。

图 7-1 北斗卫星导航系统组网示意图

7.1.2 5G 网络

随着全球新一轮科技革命和产业变革的兴起，先进信息技术、互联网理念与能源产业深度融合，也推动着能源新技术、新模式和新业态的兴起。5G 作为全球新一轮科技革命的核心技术之一，是实现国家数字化、万物互联、人机交互的新一代战略性信息基础设施。

智能电网的发展和数字化转型迫切需要构建经济灵活、双向实时、安全可靠、智能高效的"泛在化、全覆盖"终端通信接入网。5G 通信技术的增强移动带宽（eMBB）、超高可靠低时延通信（uRLLC）、大规模机器类通信（mMTC）三大特征及其网络切片技术有望解决末端海量物联数据接入的"卡脖子"问题。5G 网络作为电力通信专网的补充，将率先在电力行业进入应用深水区。

随着 5G 技术的全面推广，未来"5G"无人机也将大面积投入生产运维，能够充分利用 5G 网络"高速率、低时延、大规模"连接的优势，高速率可将高清巡视影像自动、实时回传至数据中心，后台管理人员、技术团队实时对巡检画面进行同步评估和分析。可实现现场数据、高清图像、视频实时回传，打通巡检现场与后方团队的衔接壁垒，实现远程和现场实时会商，提升巡检效率和应急处置能力，解放劳动力，为一线作业班组减负，如图 7-2 所示。

图 7-2　5G 网络在电网通信中的应用

7.1.3　混合组网

目前无人机单次起降巡检半径有限，无人机配套遥控器通信覆盖范围小（约 1.5km），且受地形地貌影响大、信号抗干扰能力差，以及部分区域网络、定位信号覆盖情况不佳，导致了无人机数图传信号传输距离有限，制约了无人机作业的覆盖范围，影响了机巡作业效率。同时，目前的自动巡检支撑系统主要应用于机巡作业的计划、进度、安全、结果管理，无人机需要巡检员现场控制终端进行控制，并不具备无人机数据的远程实时传输和集中控制功能，无法与故障定位、气象监测、山火监测等系统进行联动并开展无人机集群智能巡检。

因此，根据智能巡检技术的发展规划，急需验证和建设适合无人机数图传的辅助无线通信网络，通过无线通信、4/5G、MESH 中继等技术进行无人机通信控制网络的混合组网，通过该控制网络对无人机进行控制，从而根本解决无人机巡检区域无网络、网络差，无人机遥控范围受限，巡检数据不能实时传送问题，实现无人机在沿线飞行过程中自动与铁塔通信中继站点互联并回传图像，实现视频不间断回传和无人机的远程集群控制，如图 7-3 所示。

基于自组网技术建设的无线通信系统，可每隔一段足够距离部署一套无线通信设备，无线通信设备间可通过无线通道进行互联，最终实现站与站之间的无线通信，实现视频实时回传。搭配变电站固定机场实现无人机自动起降、充电。同时，无线基站支持无人机漫游切换，支持接入公网、RTK 定位信息。

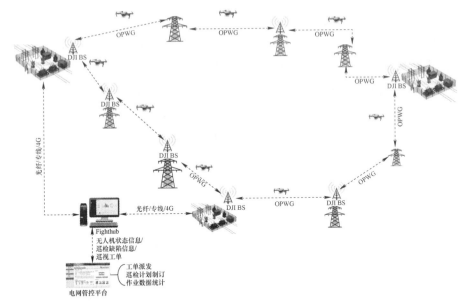

图 7-3 无人机集群智能巡检系统示意图

7.2 无人驾驶模式变革

现阶段无人机巡检受限于充电、续航、通信、无人机规划和协同等技术，必须依赖于作业人员现场进行放飞及回收，自动巡检尚处于初级阶段。通过自动巡检技术与电力技术的融合，实现输变配电环节全面的无人化运维检测已经成为我国智能电网的发展趋势。

7.2.1 输电线路自动巡检模式变革

随着无人机机巢、自主回充、自动航线规划、图像识别、循线飞行、故障识别、碰撞检测等技术的发展整合，输电线路无人机驾驶模式正向着更高级别的智能程度迈进。

无人机单机续航时间约为 30min，受飞行电池续航能力限制，实际飞行时间小于 30min。具有自动充电功能的机巢作为无人机自动巡检的起点，需具备与无人机通信的能力和与后台系统通信的能力，并提供数据交换的平台；可为无人机自动充电，远程唤醒无人机；具备环境感知能力，能够实时监测周边环境的温湿度、风速大小、雨雪监测、具备视频监控功能；具备自动开合功能，

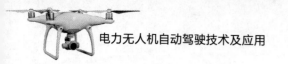

基本防雨、防雷、防风功能，能保护无人机的安全。

为实现长时间安全、可靠、无人、自主巡视，使巡检效率达到最大化，需要完善整合多机协同、自主巡线避障、智能调度、机巢建设等方面的技术，研发基于多机协同的无人机自动化巡检。

基于多机协同的无人机自动化巡检包括三部分：高精度定位无人机、无人机智能机巢和多机协同的无人机智能作业调度管理。

针对超大任务区域可自动分解成单机任务包，组建协作团队在线分配任务，可实现大任务的一站多机协同作业，提高作业效率，构筑无人机集群管理能力。

可实现无人机和机巢状况的实时监控，包括无人机视频远程直播、获取无人机实时飞行状态数据、机巢实时状态参数。通过该功能可远程全面掌控无人机作业状况及机巢实时状态，打通变电站巡检现场与后方团队的衔接壁垒，远程查看现场状况，提升调度管理效率。

在规划航线的航迹生成后，自动开展碰撞检测，计算和周边点云的最短距离，对有危险的航点可自动根据场景调整飞行路径，确保飞机在拍照动作航点以及航点间飞行过程中不发生碰撞。同时，可搭载可见光、红外、激光雷达等检测设备完成作业。

这样，在无人机智能作业调度的统一管理和机身自主感知智能下，借助机巢设施，可实现塔间或者站间的输电线路无人机巡检常态化和无人化作业。

7.2.2　变电站自动巡检模式变革

无人机在电力系统中目前主要应用于输配电线路巡视。因为变电站内设备分布较为密集，且各种高压母线、跨接引线等带电导线走向错综复杂，电磁场环境复杂，为防止无人机飞控系统受到电磁干扰碰撞损伤设备，避免危及电网运行安全，现阶段无人机在变电站巡视中的应用仍然处于起步阶段。

巡检机器人和地面视频监控等智能化手段，能够有效地减少运维值班人员的巡视工作量。但由于巡检机器人采取地面巡视，受巡检视角等因素的制约，只能解决变电站巡视的部分问题。变电站视频监控系统覆盖范围固定，也存在视觉盲区，无法实现变电设备全方位监控，影响了其进一步推广应用和发挥更大作用。

而无人机因其飞行高度高，视角广阔，可有效弥补常规巡视、监控的盲区问题正受到变电站巡检的关注。因此，如何在变电站实现无人机自动化巡检，通过多机协作、分区巡视等策略，有效提升巡视的全面性、巡视效率，提升电网的安全可靠程度，是当前面临的主要问题。

为实现变电站长时间全方位、安全、可靠、高效巡视，需要实现无人机集群管理、无人机/机巢全天候实时监控、无人机任务下发、数据管理及统计分析等，对全站无人机进行统一监管和远程控制，实时掌握无人机作业状况，实现变电站机巡作业统一调度和数字化、自动化、规范化管理。

变电站无人机自动化巡检可基于高精度变电站三维模型，实现三维航线自动规划；应用无人机智慧机巢实现无人机自动换电、自主起飞、精准降落和数据自动回传；通过无人机调度管理平台创建下发巡视任务并对巡视作业进行实时监控与设备异常进行主动告警。

基于变电站高精度三维模型，将设备台账文件与三维模型相关联，使得变电站设备在虚拟模型中的位置与现实精确对应；根据测试的电磁干扰结果，采用人工确认方法，修改航点拍摄距离，规避飞行风险；在三维航线规划中设有空间空气墙设计，保证在规划层面无人机绝对不会越过禁飞区；结合巡检任务、无人机性能参数及巡检路径的安全性、可行性等因素，自动规划巡视任务合适的巡视航线。

多机调度管理可自动分解成单机任务包，组建协作团队实现大任务的一站多机协同作业，提高作业效率，构筑无人机集群管理能力。全天候实时监控无人机和机巢状况的实时监控，远程查看现场状况，提升调度管理效率。

既要保证无人机在 RTK 定位技术的支持上安全飞行，又要确保无人机在稍远距离的情况下，完成杆塔细节的精细化拍照，取得高清的照片，实现缺陷自动识别分析。

7.2.3　配电线路自动巡检模式变革

配网目前逐步由人工巡视向智能巡视转型，逐步实现"机巡为主、人巡为辅"的巡视策略，大力推广智能装备、智能巡视技术应用，逐步实现配网自愈。

7.3　运维策略变革

输电线路的周期性巡视工作，主要关注线路本体和附属设施，以及线路保护区内的缺陷和隐患，主要有通道巡视和精细化巡视，并根据不同的电压等级和安全管控等级确定不同的运维频次。传统人工巡视，是借助测距手段或望远镜来实现距离测量和细节部位的观测，不仅消耗了大量的人工，巡视效果也往往达不到理想要求，存在较多巡视盲点和误点。

利用直升机、多旋翼无人机，可快速高效地进行线路本体的红外、可见光等巡视，有效发现各类缺陷隐患。线路本体应用机巡可达到甚至超越人工巡视的效果。而对于线行保护区，国内还没有大规模开展其通道巡视。

随着多旋翼无人机技术的发展，无人机经济性、灵活性、轻便性和不受地形限制等特点使其成为电力巡检的中坚力量。人工操控无人机巡检对飞手要求高、难度大，近年来无人机自主巡检成为电网巡检的主流，随着技术的不断发展和进步，逐渐发展成了"无人机巡视为主，人工巡视补充"的运维模式。

目前，无人机自动充电机库的发展和网络信号在不断优化，相信在不久的未来，会逐步由无人机替代人工巡视，不仅经济实惠、安全、高效，也能极大地减轻作业人员的工作负担。

7.4 输变配一体化设想

近年来，随着智能技术的发展，广东电网在生产业务中也开展了一些智能技术应用的试点，取得了一定的成效。

输电方面，无人机巡视已常态化开展，并逐步从人工操控转变为自动驾驶。但自动驾驶航线规划建模覆盖率还较低，建模速度较慢，还需进一步优化。线航通道可视化覆盖率也逐年提升，施工黑点可视化基本实现全覆盖，但可视化智能分析水平还不高，可视化图片分析主要还依靠人工分析；电缆环流、局部放电等在线监测手段已逐渐成熟；架空线路、电缆隧道机器人方面已做了一些尝试，但还未能形成成熟应用、可推广的模式。

变电方面，巡视上，基本可运用巡视机器人、智能摄像头、在线监测装置实现智能巡视；操作上，结合图像智能识别设备变位信息，试点实现了开关及刀闸程序化操作；安全上，试点搭建了智能门禁系统，实现人员、车辆资质自动识别，试点配备可见光监控镜头，对作业人员未规范穿戴安全帽、工作服等不安全行为进行识别、告警。

配电方面，配电无人机巡视试点运行良好，部分重点试点区域已实现无人机自动驾驶巡视全覆盖；配网自愈技术初现成效，试点单位最高自愈覆盖率达到 81.62%，对减少故障停电用户数起到了支撑性作用，但各单位自愈技术动作准确率参差不齐，主要原因是运维人员的技能技术水平差异及设备质量问题；智能配电房建设稳步推进，智能电房 V3.0 标准成功落地，并初步探索出经济实用的改造方案，对大面积、快速推广应用具有里程碑式意义。

在建设数字化硬件装备的同时，部分单位也同步在输、变、配电领域建设了一些配套的运行支持系统与图像识别、自动分析平台，基本可支撑相关智能终端及技术的日常运转，但系统间相互独立，孤岛式运作，还未能很好地协同应用。

初步设想为：建立输变配融合智能运维模式的巡维中心，拟在其半径 3km 范围内试点开展输变配联合巡维。综合应用"无人机+机器人+在线监测"等技术手段开展智能化巡维，实现变电站、输配电线路巡视无人化替代；推进"调控一体化"，实现保护和安自装置软压板投退、定值区切换、定值修改等二次操作和设备位置智能判别；通过智能穿戴、行为模式识别，实现作业风险全过程管控。在其半径 3km 外区域，仍按现有专业管理职责持续开展运维工作。

小　结

本章根据现有技术趋势，总结展望了电网领域的无人机自动巡检的未来前景。相信在不久的未来，更安全高效、更智能自主的无人机自动巡检将常态化，极大地提升电力行业的运维水平。

附录 A 现场风险管控一览表

现场风险管控一览表见表 A1。

表 A1 现场风险管控一览表

序号	危害名称	危害导致的风险控制措施
1	高温	作业时保证人员充足，注意天气情况。气温过高时应调整作息时间，配备必要的防暑降温药品和饮品
2	误碰空间物体	作业过程中，确保飞行器与带电导线保持足够的安全距离并注意躲避飞鸟及其他障碍物
3	危险的动物（狗、蛇、马蜂等）	作业过程应注意沿线环境，重点防范狗、蛇和蜂类伤害，配备相应的防护用品和应急药品
4	无人机坠毁、引发山火	维保及时，保证无人机安全性能优良，严格按指导书操作飞行，密切关注天气情况，遇突发的风、雨、雷电等马上采取避险措施，坠毁即刻搜救，发生火灾立即报火警并视火情采取相应的扑救措施
5	不安全的驾驶行为	出车前进行检查，严格审核兼职驾驶员资格，并开展交通安全学习； 班前班后会评估当天各项作业途中路况； 遇恶劣天气时，应紧急避险，车辆需配备防滑链。 路况复杂、地势险要路段必须由专职司机驾驶

附录 B　无人机巡检内容一览表

主网无人机巡检内容一览表见表 B1，配网无人机巡检内容一览表见表 B2。

表 B1　　　　　　　　　主网无人机巡检内容一览表

巡检对象		检查线路本体、附属设施、通道及电力保护区有无以下缺陷、变化或情况	巡检手段
线路本体	地基与基面	回填土下沉或缺土、水淹、冻胀、堆积杂物等	可见光
	杆塔基础	明显破损、酥松、裂纹、露筋等，基础移位、边坡保护不够等	
	杆塔	杆塔倾斜、塔材变形、严重锈蚀，塔材、螺栓、脚钉缺失、土埋塔脚等；混凝土杆未封杆顶、破损、裂纹、爬梯变形等	
	接地装置	断裂、严重锈蚀、螺栓松脱、接地体外露、缺失，连接部位有雷电烧痕等	
	拉线及基础	拉线金具等被拆卸、拉线棒严重锈蚀或蚀损、拉线松弛、断股、严重锈蚀、基础回填土下沉或缺土等	
	绝缘子	伞裙破损、严重污秽、有放电痕迹、弹簧销缺损、钢帽裂纹、断裂、钢脚严重锈蚀或蚀损、绝缘子严重倾斜、绝缘子温度异常	可见光、红外、（紫外）
	导线、地线、引流线、OPGW	散股、断股、损伤、断线、放电烧伤、导线接头部位过热、悬挂漂浮物、弧垂过大或过小、严重锈蚀、有电晕现象、导线缠绕（混线）、覆冰、舞动、风偏过大、对交叉跨越物距离不够等	
	线路金具	线夹断裂、裂纹、磨损、销钉脱落或严重锈蚀、发热；均压环、屏蔽环烧伤、螺栓松动、发热；防振锤跑位、脱落、严重锈蚀、阻尼线变形、烧伤；间隔棒松脱、变形或离位、悬挂异物；各种连板、连接环、调整板损伤、裂纹、发热等	
	配电变压器	套管及高、低压侧接线柱、油箱壳等部位温度过高	
	10kV 户外柱上断路器、负荷开关、隔离开关	外部连接点、隔离开关及负荷开关触头等温度过高	
	10kV 避雷器	避雷器整体温度过高	
	10kV 跌落式熔断器及带电线环	跌落式熔断器两侧的接线端子、带电线环的夹头温度过高	
	10kV 架空导线及金具	导线靠近连接件侧部位、高压引线、导线上各类线夹、接驳点等温度过高	

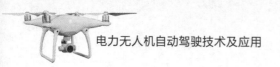

续表

巡检对象		检查线路本体、附属设施、通道及电力保护区 有无以下缺陷、变化或情况	巡检 手段
附属设施	各种监测装置	缺失、损坏，显示异常、停止工作	可见 光
	杆号、警告、防护、指示、相位等标志	缺失、损坏、字迹或颜色不清、严重锈蚀，标志错误等	
	防雷装置	避雷器动作异常，计数器失效、破损、变形，引线松脱；放电间隙变化、烧伤等	
	防鸟装置	固定式：破损、变形、螺栓松脱等； 活动式：动作失灵、褪色、破损等； 电子、光波、声响式：损坏	
	航空警示器材	高塔警示灯、跨江线彩球等缺失、损坏、失灵	
	防舞防冰装置	缺失、损坏等	
	ADSS 光缆	损坏、断裂、弛度变化等	
通道及电力保护区（周边环境）	建（构）筑物	有违章建筑，导线与建（构）筑物安全距离不足等	激光雷达、可见光
	树木（竹林）	有新栽树（竹），导线与之安全距离不足等	
	施工作业	线路下方或附近有危及线路安全的施工作业、作业环境和作业人员的作业规范等	
	火灾	线路附近有燃放烟火，有易燃、易爆物堆积等	
	交叉跨越变化	出现新建或改建电力、通信线路、道路、铁路、索道、管道等	
	防洪、排水、基础保护设施	大面积坍塌、淤堵、破损等	
	自然灾害	地震、冰灾、山洪、泥石流、山体滑坡等引起通道环境变化	
	道路、桥梁	巡线道、桥梁损坏等	
	污染源	出现新的污染源或污染加重等	
	采动影响区	出现新的采动影响区、采动区出现裂缝、塌陷对线路影响等	
	其他	线路附近有人放风筝、有危及线路安全的漂浮物、采石（开矿）、射击打靶、藤蔓类植物攀附杆塔	
其他	障碍清除	线路上有风筝、有危及线路安全的漂浮物，杆塔上有鸟草、蜂窝，导线附近有安全距离不足的树枝	喷火或发热丝无人机、激光清障仪

表 B2　　　　　　　　　　　　　配网无人机巡检内容一览表

巡检对象		检查 10kV 架空线路、隔离刀闸和跌落式熔断器、柱上开关、台式变压器及配电箱、电缆线路、郊区低压线路及设备、配电线路和设备发热情况、附属设施、通道及电力保护区有无以下缺陷、变化等情况	巡检手段
10kV 架空线路	地基与基面	回填土下沉或缺土、水淹、冻胀、堆积杂物等	可见光
	杆塔基础	明显破损、酥松、裂纹、露筋等，基础移位、边坡保护不够，防洪和护坡设施损坏、坍塌、基础螺栓未封堵等	
	杆塔	杆塔倾斜、塔材变形、严重锈蚀，塔材、螺栓、脚钉缺失、土埋塔脚等；混凝土杆未封杆顶、破损、裂纹、爬梯变形；有危及安全的鸟巢、锡箔纸、风筝、绳索等杂物等	
	接地装置	断裂、严重锈蚀、螺栓松脱、接地体外露、缺失，拉线与带电部分的最小空间间隙是否符合有关规程的规定，连接部位有雷电烧痕等	
	拉线及基础	拉线金具等被拆卸、拉线棒严重锈蚀或蚀损、拉线松弛、断股、严重锈蚀、基础回填土下沉或缺土；跨越道路的水平拉线（高桩拉线）对地距离不足；防撞护管警示标志缺失等	
	避雷器	避雷器破损、变形，引线松脱；放电间隙变化、烧伤；与其他设备的连接不牢等	
	绝缘子	伞裙破损、严重污秽、有放电痕迹、弹簧销缺损、钢帽裂纹、断裂、铁脚和铁帽严重锈蚀、松动、弯曲现象、绝缘子严重偏移、绝缘子上固定导线的扎线松弛、开断、烧伤等	
	架空导线	散股、断股、损伤、断线、放电烧伤、导线接头部位过热、悬挂漂浮物、三相弛度过紧、过松、导线在线夹内滑脱、连接线夹螺帽脱落、严重锈蚀、有电晕现象、导线缠绕（混线）、覆冰、舞动、风偏过大、对交叉跨越物距离不够；绝缘导线的绝缘层、接头损伤、严重老化、龟裂和进水等	可见光
	横担	严重锈蚀、歪斜、变形，固定横担的 U 形卡或螺栓松动等	
	金具	线夹断裂、裂纹、磨损、销钉脱落或严重锈蚀、发热；均压环、屏蔽环烧伤、螺栓松动、发热；防振锤跑位、脱落、严重锈蚀、阻尼线变形、烧伤；间隔棒松脱、变形或离位、悬挂异物；各种连板、连接环、调整板损伤、裂纹、发热；螺栓缺帽、开口销锈蚀、断裂、脱落等	
隔离刀闸和跌落式熔断器	设备本身	瓷件有裂纹、闪络、破损及脏污；熔丝管无弯曲、变形；操作机构锈蚀、各部件的组装无松动、脱落等	可见光
	连接部件	触头间接触不良、过热、烧损、熔化；金属部件锈蚀等	
柱上开关	设备本体	外壳严重损伤、变形、锈蚀；操作机构严重卡涩或变形；套管没有明显裂缝、损伤、放电痕迹等	可见光
	自动化装置	自动化装置（包括户外 TV 及自动化终端等）指示异常、设备无连接；自动化终端箱体封口密封不良	

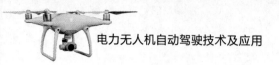

续表

巡检对象		检查 10kV 架空线路、隔离刀闸和跌落式熔断器、柱上开关、台式变压器及配电箱、电缆线路、郊区低压线路及设备、配电线路和设备发热情况、附属设施、通道及电力保护区有无以下缺陷、变化等情况	巡检手段
台变及配电箱	台架、基础设施	台架本体受损，台架底座槽钢锈蚀，电杆倾斜、下沉，基础不牢等	可见光
	跌落式熔断器	绝缘支撑件有裂纹、破损及脏污；铸件产生裂纹、砂眼及锈蚀；操作机构锈蚀等	
	变压器、配电箱	变压器及其附属设备缺失，套管是否严重污秽，有无裂纹、损伤、放电痕迹、油面异常、油质发黑；各个电气连接点锈蚀、过热和烧损；外壳锈蚀；焊口有裂纹、渗油，接地引下线断线、被盗等；低压配电箱生锈、破损、密封不严；安健环缺失或表示错误等	
电缆线路	电缆终端头	破损，线耳烧断，与引线之间的连接有无松动、脱落	可见光
郊区低压线路及设备	低压电杆	电杆倾斜、裂纹，基础下沉、上拔，周围回填土不足，附近有开挖施工情况，位于机动车道旁受外力破坏，安全距离不足等	可见光
	拉线、横担及金具	拉线基础周围土壤松动、缺土、浅埋、上拔或下沉，松弛、断股、张力分配不均、被盗，拉棒、螺栓等金具变形、严重锈蚀，防撞护管警示标志缺失；横担严重锈蚀、歪斜、变形和脱落，固定横担的 U 形抱箍或螺栓松动；金具严重锈蚀、变形，螺栓缺帽，开口销锈蚀、断裂、脱落等	
	低压绝缘子	绝缘子瓷件磨损、裂纹、生锈老化或脱落，绝缘子严重偏移、歪斜，绝缘子上固定导线的扎线有无松弛、开断等现象	
	低压导线	导线的三相弛度不平衡，过紧、过松，导线接头（连接线夹）过热变色、裸露，导线的绝缘层、接头损伤，绝缘层严重老化、龟裂和进水，导线有损伤痕迹，驳接线口处绝缘胶布脱落等	
配电线路和设备发热情况	电缆线路	电缆终端头连接点、电缆头整体等温度过高	红外测温
	配电变压器	套管及高、低压侧接线柱、油箱壳等部位温度过高	
	10kV 户外柱上断路器、负荷开关、隔离开关	外部连接点、隔离开关及负荷开关触头等温度过高	
	10kV 避雷器	避雷器整体温度过高	
	10kV 跌落式熔断器及带电线环	跌落式熔断器两侧的接线端子、带电线环的夹头温度过高	
	10kV 架空导线及金具	导线靠近连接件侧部位、高压引线、导线上各类线夹、接驳点等温度过高	
附属设施	各种监测装置	缺失、损坏，显示异常、停止工作	可见光
	杆号、警告、防护、指示、相位等标志	缺失、损坏、字迹或颜色不清、严重锈蚀，标志错误等	

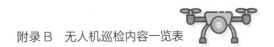

巡检对象		检查 10kV 架空线路、隔离刀闸和跌落式熔断器、柱上开关、台式变压器及配电箱、电缆线路、郊区低压线路及设备、配电线路和设备发热情况、附属设施、通道及电力保护区有无以下缺陷、变化等情况	巡检手段
通道及电力保护区（周边环境）	建（构）筑物	有违章建筑，导线与建（构）筑物安全距离不足等	激光雷达
	树木（竹林）	有新栽树（竹），导线与之安全距离不足等	
	施工作业	线路下方或附近有危及线路安全的施工作业、作业环境和作业人员的作业规范等	可见光
	火灾	线路附近有燃放烟火，有易燃、易爆物堆积等	
	交叉跨越变化	出现新建或改建电力、通信线路、道路、铁路、索道、管道等	
	防洪、排水、基础保护设施	大面积坍塌、淤堵、破损等	
	自然灾害	地震、冰灾、山洪、泥石流、山体滑坡等引起通道环境变化	
	道路、桥梁	巡线道、桥梁损坏等	
	污染源	出现新的污染源或污染加重等	
	采动影响区	出现新的采动影响区、采动区出现裂缝、塌陷对线路影响等	
	其他	线路附近有人放风筝、有危及线路安全的漂浮物、采石（开矿）、射击打靶、藤蔓类植物攀附杆塔	
其他	障碍清除	线路上有风筝、有危及线路安全的漂浮物，杆塔上有鸟草、蜂窝，导线附近有安全距离不足的树枝	喷火或发热丝无人机、激光清障仪